AF721711

Radiochemie

von

Dr. Werner Schulze

o. Prof. für Analytische Chemie
an der Freien Universität Berlin

Mit 33 Figuren

Sammlung Göschen Band 4005

Walter de Gruyter
Berlin · New York 1971

©
Copyright 1971 by Walter de Gruyter & Co., vormals G. J. Göschen'sche Verlagshandlung – J. Guttentag, Verlagsbuchhandlung – Georg Reimer – Karl J. Trübner – Veit & Comp., Berlin 30. – Alle Rechte, einschl. der Rechte der Herstellung von Photokopien und Mikrofilmen vom Verlag vorbehalten. – Satz: Fotosatz Prill, Berlin 15 – Druck: Mercedes-Druck, Berlin – Printed in Germany
ISBN 3 11 003557 X

Inhaltsverzeichnis

Literatur

G. FRIEDLÄNDER und J. KENNEDY: Nuclear and Radiochemistry. J. Wiley Sons. New York 1956 (deutsche Übersetzung)
K. SCHMEISER: Radionuclide. Springer. Berlin 1963
R. T. OVERMAN und H. M. CLARK: Radioisotope Techniques. McGrawHill. New York 1960.
M. HAISSINSKY: Nuclear Chemistry and its Applications. Addison-Wesley Publ. London 1964
C. E. CROUTHAMEL: Applied Gamma-Ray Spectrometry. Pergamon Press. London u. New York 1960.
W. SCHULZE: Neutronenaktivierung als analytisches Hilfsmittel. Enke. Stuttgart 1962.

Einleitung

Als Radiochemie soll hier dasjenige Gebiet bezeichnet werden, in welchem bei chemischen Umsetzungen radioaktives Material Verwendung findet. Es kann sich dabei um die *präparative* Darstellung von Radionukliden handeln. Im Prinzip ist dann immer die Abtrennung eines Radionuklids aus einem Gemisch mehrerer Radionuklide notwendig, da durch Kernreaktionen nur in Ausnahmefällen ein einziges Radionuklid erhalten wird. Eine zweite Problemgruppe behandelt die Wege, auf denen man präparativ ein solches reines Radionuklid an einer bestimmten Stelle in ein vorgegebenes Molekül einbauen kann (Herstellung markierter Verbindungen).

Chemische Abtrennungen einzelner Radionuklide aus einem Gemisch können auch zu *analytischen* Zwecken nötig sein, nämlich immer dann, wenn das betreffende Radionuklid sich in seinen Strahlungseigenschaften nicht derart gut von den begleitenden Radionukliden unterscheidet, daß eine quantitative Bestimmung ohne seine vorherige Abtrennung möglich wäre.

Die chemischen Operationen verlangen in all diesen Fällen eine Abänderung der üblicherweise sonst benutzten Verfahren, da es sich bei den Produkten von Kernreaktionen fast immer nur um minimale Gramm-Mengen handelt, für welche andere Gesetze gelten als in der „Makrochemie". Liegen ausnahmsweise größere Mengen aktiven Materials vor, so erfordert der Schutz vor der Strahlung besondere Arbeitsverfahren (fernbedinte Apparate).

Überdies gibt es eine Reihe von Verfahren präparativer oder analytischer Art, die n u r auf Radioisotope anwendbar sind und daher in der normalen „inaktiven" Chemie nicht vorkommen.

Aus diesen Gründen erscheint eine gesonderte Darstellung radiochemischer Methoden gerechtfertigt. Jedoch darf nicht übersehen werden, daß dies Gebiet in absehbarer Zeit zum normalen Ausbildungsgang eines Chemikers gehören wird und daher seine Grundlagen auch in die üblichen Chemiebücher übernommen werden.

Zum Verständnis und Studium der radiochemischen Methoden sind eine Reihe neuer Grundkenntnisse erforderlich, nämlich einmal über die Gesetze der Entstehung (Produktion) von Radionukliden. Dies Gebiet der Kernreaktionen wird gewöhnlich als „Kernchemie" bezeichnet. Zum anderen müssen die Eigenschaften der ausgesandten Strahlung bekannt sein, damit diese zum wirksamsten Nachweis eines vorgegebenen Radionuklids ausgenutzt werden können. Hierzu sind die Grundlagen der Strahlungsmeßtechnik erforderlich. Ferner gehören zu diesen Grundkenntnissen diejenigen Verfahren, die nur durchführbar sind, wenn man Radioisotope benutzt.

Einzelheiten über Strahlungsmessung interessieren in der Radiochemie nur insoweit, wie das Problem der Proportionalität einer im Zählgerät erhaltenen Impulsrate mit der Grammzahl der strahlenden Substanz in der gemessenen Probe berührt wird. Es muß daher untersucht werden, unter welchen Umständen (d. h. durch welche Elementarprozesse) ein beim Kernzerfall entstandenes α-, β- oder γ-Teilchen den Strahlungsdetektor zum Ansprechen bringt, oder ob es auf dem Wege vom Entstehungsort in der Probe bis ins empfindliche Detektorvolumen verloren geht. Die zu berücksichtigenden Einflüsse sind unterschiedlich je nach Art der Strahlung, des Detektors und der Analysenprobe.

Zwei große Abschnitte wurden bewußt fortgelassen. Die C h e m i e der Transurane wird heute in jedem Chemie-Lehrbuch abgehandelt. Das sollte nicht wiederholt werden. Die H e r s t e l l u n g dieser Elemente ist jedoch reine Kernchemie.

Die Theorie und Praxis des Strahlenschutzes hätte im gesteckten Rahmen nicht mit der nötigen Ausführlichkeit behandelt werden können, weil dazu z. B. auch die Wiedergabe der gesetzlichen Vorschriften gehört hätte. Über Strahlenschutz muß der Leser sich also anderweitig genauer informieren.

I. Kernstrahlung

1. Grundlagen

Die als Radioaktivität bezeichnete Erscheinung der Aussendung von α-, β- oder γ-Strahlung hat ihre Ursache in dem Zerfall von Atomkernen, die dabei in andere Atomkerne übergehen. Die einzelnen Kerne reagieren völlig unabhängig voneinander, und eine Einflußnahme auf die Kerntransmutationen durch äußere Energieeinwirkung (z. B. durch thermische Stöße, elektrische Felder oder chemische Kräfte) ist nicht möglich.

Für die Häufigkeit, mit welcher Transmutationen eintreten, müssen daher die Gesetze des Zufalls (vgl. auch Statistik) gelten. Demzufolge ist die Anzahl dN der in einem Zeitintervall dt zerfallenden Kerne proportional der Gesamtzahl N der zerfallsf ä h i g e n Kerne und der Länge des Intervalls dt:

$$- dN = \lambda . N . dt \; . \qquad (1)$$

Die Proportionalitätskonstante λ heißt *Zerfallskonstante.* Durch Integration über die Zeit t folgt daraus das *Zerfallsgesetz*

$$N = N_o \cdot e^{-\lambda t} \; , \qquad (2)$$

das die Anzahl N der nach einer Zeit t noch vorhandenen zerfallsfähigen Kerne angibt, wenn zur Zeit t = 0 in dem Präparat N_o Kerne vorhanden waren.

2. Aktivitätsmaß

Als Maß für die Intensität der Strahlung eines Präparates wird die Zahl der pro Zeiteinheit eintretenden Kernzerfälle angegeben, z. B. tps = Transmutationen pro Sekunde oder tpm = Transmutationen pro Minute. Diese Maßeinheiten für die „Aktivität" A sind sehr klein. Als größere Einheit ist definiert

$$3{,}7 \cdot 10^{10} \text{ tps} \equiv 1 \text{ Curie} = 1 \text{ Ci} = 10^3 \text{ mCi} = 10^6 \mu\text{Ci}$$

Die Aktivität A hängt mit der Atomzahl N des Präparates über Gl. (1) zusammen. Definitionsgemäß ist

$$A \equiv - \frac{dN}{dt} \; . \qquad (3)$$

Also gilt immer

$$A = \lambda.N\ , \tag{4}$$

d. h. Atomzahl mal Zerfallskonstante ist gleich der Aktivität A. Wegen dieser Proportionalität von Atomzahl und Aktivität gilt auch

$$A = A_o \cdot e^{-\lambda t}\ . \tag{5}$$

3. Halbwertzeit

Als Maß für die Stabilität eines instabilen Kernes wird außer der Zerfallskonstanten λ auch die sehr anschauliche Halbwertzeit $t_{1/2}$ benutzt. Sie ist als dasjenige Zeitintervall definiert, nach dessen Ablauf die Aktivität A_o eines Präparates auf den halben Wert $A_o/2$ gesunken ist. Nach Gl. (5) ist also

$A_o/2 = A_o \cdot e^{-\lambda t_{1/2}}$ oder

$$\lambda \cdot t_{1/2} = \ln 2 = 0{,}693147\ . \tag{6}$$

Es ist allgemein üblich, nicht λ, sondern $t_{1/2}$ zur Charakterisierung eines Kernart zu benutzen. Als Zeiteinheiten werden dabei verwendet Sekunden (s), Minuten (m), Stunden (h), Tage (d) und Jahre (y). Gl. (5) lautet dann

$$A = A_o \cdot e^{-0{,}693 \cdot t/t_{1/2}}\ . \tag{7}$$

Zwei weitere, für Abschätzungen sehr bequeme Formen dieser Gleichung sind

$$A = A_o \cdot 2^{-t/t_{\frac{1}{2}}} = A_o \cdot \frac{1}{2^{t/t_{1/2}}} \tag{8}$$

und

$$\log \frac{A}{A_o} = -0{,}30103 \cdot t/t_{1/2}\ . \tag{9}$$

Aus (9) erkennt man, daß eine halblogarithmische Auftragung einer *Abklingkurve* log A = f(t) eine Gerade ergibt, aus deren Steigung die Halbwertzeit leicht ermittelt werden kann.

4. Zählraten und Aktivität

Experimentell erhält man nicht direkt Aktivitäten A in [tpm], sondern eine Impulszahl J, die das Zählgerät im Laufe einer Meßdauer t registriert. Bei einfacher Division dieser Impulszahl J durch die Meßdauer t wird aber nur dann eine der Aktivität A proportionale Größe erhalten, wenn sich im Laufe der Meßdauer t die Aktivität nicht merklich ändert. Das ist erfüllt, wenn die Halbwertzeit $t_{1/2}$ des Radionuklids groß ist gegenüber der Meßdauer t. Dann ist die *Zählrate* R = J/t [ipm] während der ganzen Meßdauer konstant.

Nun sind bei radiochemischen Untersuchungen häufig mehrere Zählratenmessungen im Abstand von Stunden oder Tagen erforderlich. Falls der zeitliche Abstand zweier Messungen in der Größenordnung der Halbwertzeit des benutzten Radionuklids liegt, also bei relativ kurzlebigen Radionukliden, kann (und muß) man die Meßwerte R auf einen gemeinsamen Zeitpunkt zurückrechnen. Das ist bei der obigen Voraussetzung der Konstanz von R während seiner Meßdauer t mit den Gl. (7) bis (9) ohne weiteres möglich, da dann A und R einander proportional sind.

Ist indessen die Halbwertzeit $t_{1/2}$ von gleicher Größenordnung wie die Meßdauer t, so ist die Zählrate R in jedem Zeitelement dt eine andere. Falls zur Zeit t = 0 die Zählrate R_o vorlag, ist sie zur beliebigen Zeit t gegeben durch das allgemeine Zerfallsgesetz

$$R = R_o \cdot e^{-\lambda t} . \tag{10}$$

In einem Zeitelement dt registriert das Zählgerät eine Impulszahl dJ = R.dt, wobei R nach Gl. (10) von der Zeit t abhängt:

$$dJ = R \cdot dt = R_o\, e^{-\lambda t} \cdot dt .$$

Integration über alle dt von 0 bis t liefert dann die vom Zählgerät angezeigte Gesamtimpulszahl

$$J = \int_o^t dJ = \int_o^t R_o \cdot e^{-\lambda t}\, dt = \frac{R_o}{\lambda} \cdot (1 - e^{-\lambda t}) \tag{11}$$

Man kann so aus einer während t gespeicherten Impulszahl J (bei Kenntnis der Halbwertzeit) die zu Anfang der Meßdauer vorhanden gewesene Zählrate R_o und damit die Aktivität des Präparates berechnen.

Häufig wird auch eine aus J und t durch einfache Division erhältliche „mittlere" Zählrate $\overline{R}$ = J/t definiert; sie hängt zufolge (11) mit R_o zusammen nach

$$R_o = \overline{R} \cdot \frac{\lambda t}{1 - e^{-\lambda t}} . \tag{12}$$

Für kleine Werte von λt geht natürlich $\overline{R}$ in R_o über.

5. Spezifische Aktivität

Besteht ein Präparat ausschließlich aus Atomen eines einzigen Radionuklids der Massenzahl M, so ist es möglich, mittels Gl. (4) die Aktivität der Masseneinheit, die spezifische Aktivität S [tps/gramm] zu berechnen. Da 1 Gramm dann $6{,}025 \cdot 10^{23}/M$ Atome enthält, folgt

$$S = \frac{0{,}693}{t_{1/2}} \cdot \frac{6{,}025 \cdot 10^{23}}{M} \text{ [tps/gramm]} \qquad (13)$$

($t_{1/2}$ ist in Sekunden anzugeben).

Für radiochemische Arbeiten ist es oft erwünscht, eine Vorstellung über die Grammzahl a zu besitzen, wenn die Aktivität A [Ci], z. B. vom Lieferanten her, bekannt ist. a Gramm sind $N = 6{,}025 \cdot 10^{23} \cdot a/M$ Atome. Einsetzen in (4) liefert

$$a = \frac{3{,}7 \cdot 10^{10} \cdot A \cdot t_{1/2}}{0{,}693} \cdot \frac{M}{6{,}025 \cdot 10^{23}} =$$

$$= 0{,}888 \cdot 10^{-13} \cdot M \cdot t_{1/2} \cdot A \text{ [gramm]} . \qquad (14)$$

(A ist in Curie und $t_{1/2}$ in Sekunden einzusetzen).

Beispielsweise folgt für 1 μCi ^{32}P ($t_{1/2}$ = 14,8 d) eine Grammzahl $a = 3{,}63 \cdot 10^{-12}$ g. Man sieht unmittelbar ein, daß diese winzige Phosphormenge mit üblichen chemischen Operationen nicht aus einem Gemisch abgetrennt werden kann (Vgl. hierzu S. 95, Trägertechnik).

Enthält ein Präparat auch a n d e r e Atomkerne als diejenigen des strahlenden Radionuklids, so spricht man besser von *Aktivitätskonzentration.*

6. Aufbau und Stabilität von Kernen

Grundlage jeder Theorie über Atomkerne ist seit *Heisenberg* (1934) die Tatsache, daß Kerne aus Neutronen n und Protonen p aufgebaut sind. Die Massenzahl M eines Kernes ist gleich der Summe aus Neutronenzahl und Protonenzahl. Letztere gibt die Ordnungszahl Z des Kernes, die Differenz M - Z ist die Neutronenzahl im Kern.

Eine Kernmasse M könnte man prinzipiell auf sehr verschiedene Weise durch Variation des Verhältnisses $\frac{M - Z}{Z}$ aufbauen. Jedoch kann man aus einer Tafel der verschiedenen bekannten Kerne (Nuklidkarte) entnehmen, daß s t a b i l e Kerne nur bei einigen wenigen Werten dieses Verhältnisses aus Neutronenzahl zu Protonenzahl existieren. Diese Werte sind ferner noch eine Funktion der Ordnungszahl Z und nehmen langsam mit Z zu längs einer quer durch die Nuklidkarte laufenden „Stabilitätslinie".

In diesen Fällen muß also der Energieinhalt der betreffenden Kerne besonders gering sein. Es muß bei Zusammentritt der Bausteine zum Kern ein besonders hoher Energiebetrag (Bindungsenergie) abgegeben worden sein. Dieser Energiebetrag ist derart groß, daß er sich zufolge der *Einstein*schen Beziehung $E = mc^2$ als Massenverlust (*Massendefekt*) bemerkbar macht und dadurch experimentell meßbar ist.

Die *Einstein*sche Beziehung $E = mc^2$ läßt sich relativ leicht plausibel machen, wenn man von dem experimentellen Befund (*Kaufmann*, 1901) ausgeht, daß e/m-Messungen an Elektronen sehr hoher Geschwindigkeit v sich quantitativ beschreiben lassen, wenn man die Masse m des Elektrons als mit der Geschwindigkeit des Elektrons veränderlich ansieht, und wenn man hierfür die von *Kaufmann* gefundene Formel

$$m = \frac{m_o}{\sqrt{1 - (\frac{v}{c})^2}}$$

zugrunde legt. Dabei ist c die Lichtgeschwindigkeit und m_o die Ruhmasse des Elektrons bei $v = 0$. Differentiation nach v liefert

$$\frac{dm}{dv} = \frac{m \cdot v}{c^2 \cdot [1 - (\frac{v}{c})^2]}$$

oder

$$c^2 \cdot dm = v \cdot d(mv) = \frac{ds}{dt} \cdot d(mv) = \frac{d}{dt}(mv) \cdot ds\,.$$

Da nach *Newton* die zeitliche Änderung der „Bewegungsgröße" mv gleich der wirkenden Kraft ist, stellt der letzte Ausdruck rechts also ein Energiedifferential dE dar:

$$dE = c^2 \cdot dm\,.$$

Diese Beziehung beschreibt also, in welcher Weise nach der *Kaufmann*schen Formel differentielle Massenänderungen dm differentiellen Energieänderungen zugeordnet sind. *Einsteins* Idee war es, von differentiellen Änderungen auf endliche Änderungen ΔE zu schließen und schließlich von bloßen Änderungen zum Gesamtbetrag E überzugehen. Damit folgt dann $E = m \cdot c^2$.

Als Energiemaß wird gewöhnlich das e-Volt benutzt. Es stellt die Energie dar, die ein Elektron nach Durchlaufen einer Potentialdifferenz von 1 Volt besitzt.

Es ist 1 e-Volt = 1,602 · 10^{-12} e r g; praktisch wird auch benutzt 1 MeV = 10^6 e-Volt und 1 keV = 10^3 e-Volt.

Durch Einsetzen der Zahlenwerte in die Einstein-Beziehung ergibt sich, daß eine „atomare Masseneinheit" (≡ 1 AME) 931 MeV entspricht. Bei Kernreaktionen wird meist mit Tausendstel AME (≡ TME) operiert.

Werte für die Bindungsenergie eines Kerns lassen sich aus der Massenbilanz der Kernbildung aus den Bausteinen erhalten:

$$\Delta E_{bind} = m_{Kern} - \Sigma\, m_{Bausteine}\,.$$

Negative Werte von ΔE_{bind} bedeuten also Energieabgabe nach außen und damit Stabilisierung.

Von den Theorien über die Bindungsenergie sei nur die von *V. Weizsäcker* (1935) in ihren Grundzügen angedeutet. Danach ist der Wert der Bindungsenergie durch die Zahl der Kernbausteine (Nukleonen), durch die Oberflächengröße des Kerns und durch ein Coulombglied bestimmt, das die Protonenabstoßung enthält. Ganz wesentlich kommt es darauf an, ob die Zahl der Neutronen bzw. Protonen gerade (g) oder ungerade (u) ist. Für die Gruppe der gg-Kerne gelten daher andere Gesetze wie für gu-, ug- bzw. uu-Kerne.

Sehr bequem für Stabilitätsdiskussionen ist eine Darstellung der negativen Bindungsenergien $-\Delta E_{bind}$ als Funktion von Z und M – Z. Sie hat die Gestalt eines langgestreckten Gebirgstales, und die stabilen Kerne liegen nahe der Talsohle. Verbindet man Kerne der gleichen Masse M (sogenannte *isobare* Kerne), so werden Parabeln erhalten. Von *Mattauch* stammen eine Reihe wichtiger Beziehungen (*Isobarensätze*), die u. a. das Auftreten der stabilen Isotope erklären. Näheres hierüber findet man in den Lehrbüchern der Kernphysik.

7. Zerfallstypen

Wenn ein instabiler Kern der Ladung Z und der Masse M in einen stabileren übergehen soll, so wird er das dahin tun, wo in der Fläche der Bindungsenergie benachbarte stabile Kerne liegen. Je nach Art dieser Kernumwandlung entstehen dabei die verschiedenen Strahlungstypen.

Besitzt der instabile Kern ein energetisch ungünstiges Verhältnis von Neutronen zu Protonen, so könnte man an die Abgabe eines der Teilchen denken, um dies Verhältnis günstiger zu gestalten. Zur Abtrennung eines solchen Kernbausteines müßte jedoch dessen Bindungsenergie entweder zugeführt werden oder aber aus dem Energievorrat des Kernes verfügbar sein. Es handelt sich dabei um Werte der Größenordnung 8 MeV (≙8,6 TME). Aus einer Tabelle der Kernmassen kann man feststellen, daß dieser Betrag in der Mehrzahl der Fälle nicht verfügbar ist. Daher sind p-Strahler bisher überhaupt nicht bekannt und n-Strahler gibt es nur in ganz wenigen Fällen.

Von den leichten Kernen zerfallen Li-5 und Be-6 augenblicklich (in ca. 10^{-21} s) unter Abspaltung von Protonen, wobei ein α-Teilchen hinterbleibt. He-5 sendet ebenso schnell ein Neutron aus. Jedoch kann man bei derart schnell zerfallenden (kürzer als 10^{-12} s) Kernen kaum von einer „Existenz" sprechen.

Bei Diskussionen der Energiebilanz eines Kernzerfalls geht man am zweckmäßigsten prinzipiell von den Kern-massen (=Atommasse minus Hüllenelektronen) aus. Tabelliert findet man meist die Atommassen, die also durch Subtraktion von Z Elektronenmassen in Kernmassen umzuwandeln sind. Eine einheitliche Nomenklatur zwecks Unterscheidung von Atom bzw. Kern gibt es zurzeit nicht. Wir wollen in diesem Buch bei Massenbilanzen grundsätzlich die Kernmassen verwenden. Die Bezeichnung ^{51}Cr soll also die Kernmasse des Chromisotops mit der Massenzahl 51 darstellen.

Um einen Überblick über die verschiedenen möglichen Zerfallstypen zu gewinnen, sollen im folgenden am Beispiel des Kerns ^{51}Cr hypothetisch die einzelnen Stabilisierungsmöglichkeiten an Hand der Massenbilanzen diskutiert werden. Aus der Übersicht in Tabelle 1 ist folgendes zu entnehmen:

1. Falls ^{51}Cr ein Neutronenstrahler wäre, so sollte die Summe der Massen der Zerfallsprodukte kleiner sein als die Masse des ^{51}Cr. Tatsächlich liegt sie aber um 9,79 TME höher, und ein solcher Zerfall würde die Zufuhr dieses Energiebetrages erfordern. Freiwillig kann dieser Zerfall also nicht stattfinden.

2. Analog findet man für einen Kernzerfall des ^{51}Cr unter Protonenaussendung, daß 10,43 TME an Energie zugeführt werden müßten.

3. Der einzige häufiger auftretende Zerfallstyp, bei welchem Kernbausteine einen instabilen Kern verlassen, ist der *α-Zerfall*. Auch hierdurch wird nämlich eine geringe Verschiebung des (n:p)-Verhältnisses im Kern erreicht. Jedoch sind im Fall des ^{51}Cr-Kernes die hypothetischen Zerfallsprodukte energiereicher als der Ausgangskern und daher ist auch der α-Zerfall keine Stabilisierung des ^{51}Cr-Kernes.

Untersucht man systematisch die Massenbilanzen bei anderen Fällen, in denen aus einem instabilen Kern durch α-Zerfall ein stabiler Kern entstehen könnte, was nach der Nuklidkarte keineswegs immer zutrifft, so zeigt sich, daß erst bei Massenstrahlen oberhalb M = 140 eine Stabilisierung bei α-Zerfall eintritt. Ob ein α-Zerfall dann wirklich erfolgt, hängt davon ab, ob es weitere, energetisch noch günstigere Zerfallsmöglichkeiten für den betreffenden Kern gibt. Der leichteste Kern, an dem α-Zerfall beobachtet werden konnte, ist ^{144}Nd.

Tabelle 1: Massenbilanzen für Kernzerfälle des ^{51}Cr

$^{51}_{24}Cr \rightarrow n + ^{50}_{24}Cr$ $50{,}94764 < 1{,}00899 + 49{,}94844$	Neutronen-strahler $\Delta m = + 9{,}79$ TME
$^{51}_{24}Cr \rightarrow p + ^{50}_{23}V$ $50{,}94764 < 1{,}00760 + 49{,}95047$	Protonen-strahler $\Delta m = +10{,}43$ TME
$^{51}_{24}Cr \rightarrow \alpha + ^{47}_{22}Ti$ $50{,}94764 < 4{,}00167 + 46{,}95440$	α-Strahler $\Delta m = + 8{,}43$ TME
$^{51}_{24}Cr \rightarrow e^- + ^{51}_{25}Mn$ $50{,}94764 < 0{,}00055 + 50{,}95055$	β^--Strahler $\Delta m = + 3{,}46$ TME
$^{51}_{24}Cr \rightarrow e^+ + ^{51}_{23}V$ $50{,}94764 < 0{,}00055 + 50{,}94739$	β^+-Strahler $\Delta m = + 0{,}30$ TME
$^{51}_{24}Cr + e^- \rightarrow ^{51}_{23}V$ $50{,}94764 + 0{,}00055 > 50{,}94739$	**K-Einfang** $\Delta m = - 0{,}80$ TME

4. Da auch α-Zerfall beim ^{51}Cr energetisch unmöglich ist, muß man versuchen, das (n:p)-Verhältnis des Kernes auf andere Weise zu günstigeren Werten zu verschieben. Da eine Aussendung von Nukleonen nicht in Frage kommt, kann man nur an Reaktionen i m I n n e r e n des Kerns denken. Von den beiden Kernbausteinen ist schon im freien Zustand das Neutron das instabilere, sodaß der Übergang eines Neutrons in ein Proton als Reaktionsmöglichkeit untersucht werden muß. Die Neutralisierung der positiven Ladung des entstehenden Protons erfordert dabei das gleichzeitige Entstehen einer negativen Ladung, z. B. in Form eines Elektrons entsprechend der Gleichung:

$$n \rightarrow p^+ + e^- .$$

Solche Elektronen werden wirklich beim Zerfall sehr vieler Kernarten als *β^--Strahlung* beobachtet.

Die Massenbilanz dieser Reaktion am f r e i e n Neutron

$$\Delta m = m_p + m_e - m_n = 1{,}00760 + 0{,}00055 - 1{,}00899 = -0{,}00084 \text{ [ME]}$$

zeigt, daß im freien Zustand die Reaktion eine Stabilisierung des Systems bringt. Für das wegfliegende Elektron bleibt noch eine kinetische Energie von 0,00084 ME $\triangleq$ 0,78 MeV übrig. Diese β-Strahlung wird bei Zerfall freier Neutronen tatsächlich beobachtet. Sie bietet eine der Möglichkeiten, die Masse des Neutrons experimentell zu bestimmen.

Erleidet ein Neutron im Kern eine solche Umwandlung, so liegen die Verhältnisse insofern komplizierter, als das entstandene Proton entweder fester oder aber lockerer gebunden sein kann als das verschwundene Neutron es war. Im ersten Fall könnte auch diese Energiedifferenz noch auf das erzeugte Elektron übergehen.

Tatsächlich geht die gesamte verfügbare Energie nicht immer auf das erzeugte Elektron über. Man findet nämlich experimentell [*Chadwick,* 1919], daß β^--Strahlung niemals monochromatisch ist, sondern *kontinuierlich* auf den ganzen Energiebereich unterhalb des maximal möglichen Wertes verteilt ist (vgl. Figur 1). Die Deutung dieser Erscheinung war etwa 15 Jahre lang eine fundamentale Schwierigkeit für die Kernphysik. Nach der Quantentheorie muß man nämlich für einen Atomkern die quantenhafte Aufnahme und Abgabe von Energie und damit diskrete Stufen der Kernenergie fordern. Für γ-Strahlung ist das auch immer wieder bestätigt worden.

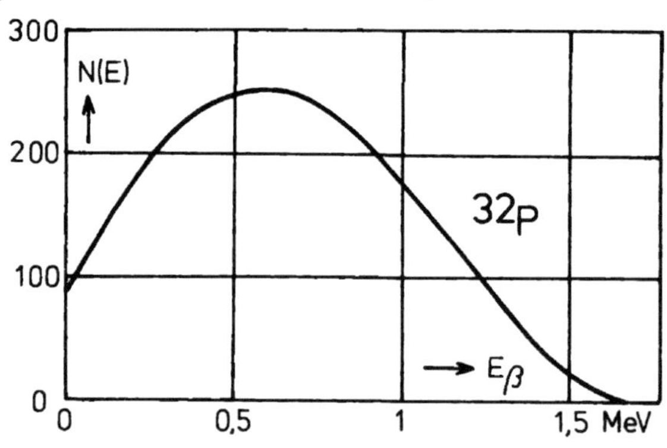

Fig. 1. β-Spektrum von Phosphor-32

Die Existenz des kontinuierlichen β-Spektrums erfordert daher eine andere Deutung, wenn der Satz von der Erhaltung der Energie gültig bleiben soll. Dann ist ganz offenbar die Erzeugung eines weiteren Teilchens notwendig, das die Restenergie aufnimmt. Es wurde *Neutrino* (ν) genannt, und *Fermi* konnte 1934 unter Zugrundelegung der vervollständigten Reaktionsgleichung

$$n \rightarrow p^+ + e^- + \nu \quad (\beta^-\text{-}Zerfall)$$

eine Theorie des β-Zerfalls aufstellen, die die Gestalt der β-Spektren quantitativ wiedergibt.

Außer dieser immer auftretenden Erscheinung gibt es noch einen anderen Grund, weswegen das β^--Elektron nicht bei jedem Zerfall von Kernen die gesamte aus der Kernreaktion verfügbare Energie übernimmt. Dieser Fall wird dann eintreten, wenn nach dem Wegfliegen des Elektrons der Produktkern noch nicht seinen stabilsten, den Grundzustand, eingenommen hat. Die noch vorhandene Anregungsenergie des Kerns wird dann durch *γ-Strahlung* abgegeben. Diese wird also immer zeitlich kurz n a c h der β-Strahlung ausgesandt (ca. 10^{-14} sek später). Man weiß das aus Untersuchungen über die Gleichzeitigkeit (Koincidenz) von β- und γ-Strahlung.

Falls der instabile Kern mehrere β-Gruppen und γ-Strahlungen aussendet, beobachtet man ferner, daß sich β-Energie und γ-Energie häufig zur gleichen Summe ergänzen. So liefert z. B. ^{56}Mn folgende Strahlungen

β_1 = 2,812 MeV	γ_1 = 0,845 MeV
	γ_2 = 1,806 MeV
	γ_3 = 2,121 MeV
β_2 = 1,006 MeV	γ_4 = 2,651 MeV
β_3 = 0,681 MeV	γ_5 = 2,976 MeV .

Die gleiche Summe von 3,657 MeV liefern $\beta_1 + \gamma_1$, $\beta_2 + \gamma_4$ und $\beta_3 + \gamma_5$. Dieser Wert entspricht offenbar dem Energieunterschied zwischen dem Ausgangskern ^{56}Mn und dem Grundzustand des Produktkernes ^{56}Fe.

Solche Untersuchungen bilden die Grundlage für eine Systematik der Energieniveaus von Kernen. Ferner lassen sich aus den Intensitäten der einzelnen Strahlungen die Übergangswahrscheinlichkeiten zwischen den Niveaus und damit weitere Eigenschaften der Energiezustände der Kerne ermitteln.

Aus Tabelle 1 entnimmt man, daß β^--Zerfall für den als Beispiel gewählten Kern ^{51}Cr keine Stabilisierung darstellt. Dies ist, wenigstens zum Teil, darauf zurückzuführen, daß ^{51}Cr gegenüber dem stabilen Kern mit der Masse 51 (d. i. ^{51}V) bereits eine z u k l e i n e Neutronenzahl besitzt, die durch β^--Zerfall noch weiter verkleinert würde.

5. Man muß also die umgekehrte Kernreaktion, nämlich die Umwandlung eines Protons in ein Neutron auf ihre Durchführbarkeit untersuchen. Hierbei müßte eine positive Ladung den Kern verlassen, und das könnte in Form eines Positrons geschehen

$$p^+ \rightarrow n + e^+ .$$

Derartige Prozesse werden als *β^+-Zerfall* tatsächlich beobachtet. Analog dem β^--Zerfall ist aber auch diese Gleichung noch nicht vollständig, da auch die

β^+-Teilchen ein kontinuierliches Energiespektrum haben. Die Einführung von Neutrinos ergibt die richtige Reaktionsgleichung

$$p^+ \rightarrow n + e^+ + \nu \quad (\beta^+\text{-}Zerfall)$$

Die Neutrinos aus β^--bzw. β^+-Zerfall sind nicht identisch, sondern stehen im Verhältnis von Teilchen und Antiteilchen. Die aus dem β^--Zerfall stammenden tragen den Namen Antineutrinos. Im folgenden wird zwischen beiden nicht weiter unterschieden.

Für unser Beispiel ^{51}Cr würde ein β^+-Zerfall ein näher an der Stabilitätslinie liegendes (n:p)-Verhältnis schaffen. Jedoch zeigt Tabelle 1, daß die Massenbilanz einen solchen Zerfall nicht zuläßt.

6. Wenn ein Kern auf keine der bisher beschriebenen Arten eine höhere Stabilität erreichen kann, so bleibt als letzte Energiequelle noch die nächste Umgebung des Kerns. Dort befinden sich die beiden Elektronen der K-Schale, mit denen das Kraftfeld des Kerns in Wechselwirkung treten kann. Ein K-Elektron kann vom Kern „eingesaugt" und „zu Energie verarbeitet" werden, wenn auf diese Weise eine stabilisierende Kernreaktion möglich wird (*K-Einfang;* engl.: electron capture = EC). Diese Zerfallsart, die bei ^{51}Cr tatsächlich vorliegt, wurde erst spät aufgefunden (*Alvarez,* 1938), da sie nach außen nur durch das Auftreten derjenigen Röntgenstrahlung bemerkbar wird, die bei Auffüllen der Lücke in der Elektronenhülle des Produktkernes entstehen muß.

Bei K-Einfang wird durch die negative Ladung des eingefangenen Elektrons im Kern eine positive Kernladung kompensiert, was der Umwandlung eines Protons in ein Neutron entspricht:

$$p^+ + e^- \rightarrow n \quad (K\text{-}Einfang)$$

Dabei verschiebt sich das (n:p)-Verhältnis zu größeren Werten.

Für ^{51}Cr ist K-Einfang nach den Zahlen der Tab. 1 die einzig mögliche Zerfallsart. Der Energiebetrag von 0,8 TME (≙ 0,745 MeV) wird während der Kernumwandlung in Form von γ-Strahlung mit kontinuierlichem Spektrum abgegeben (*Innere Bremsstrahlung*).

Im Korpuskularbild nach *Bohr* muß das Elektron von seiner stationären Bahn auf der K-Schale bis in den Kern transportiert werden. Dabei müssen Beschleunigungseffekte auftreten, die eine Abstrahlung von Energie zur Folge haben müssen. Je nach den gerade vorliegenden Bedingungen ergibt das Energiequanten der verschiedensten Größe, sodaß ein kontinuierliches Spektrum entsteht, das bis zu einer oberen Grenze reicht, welche durch die insgesamt verfügbare Energie gegeben ist. – Die wellenmechanische Auffassung einer Wechselwirkung zweier Wellenfunktionen ergibt natürlich die gleichen Effekte.

Ein Vergleich der Kernreaktionen 5 und 6 in Tabelle 1 zeigt, daß bei β^+-Zerfall und bei K-Einfang das g l e i c h e Endprodukt entsteht, aber auf verschiedenen Wegen. Es ist daher nicht erstaunlich, daß immer dann, *wenn β^+-Zerfall energetisch möglich ist, auch K-Einfang* zu einem bestimmten, berechenbaren Bruchteil der Kernzerfälle erfolgt. In Figur 2 ist ein von *Feenberg* und *Trigg* (1950) berechnetes Diagramm wiedergegeben, welches das Verhältnis K/β^+ der Anteile beider Zerfallstypen als Funktion der Ordnungszahl Z und der Energie E_{β^+} [MeV] abzulesen erlaubt. Als Abszisse dient eine Energieskala, die in Einheiten von mc^2 eines Elektrons (= 0,511 MeV) gezeichnet wurde. Je mehr sich $E_{\beta+}$ dem Wert Null nähert, um so wahrscheinlicher wird der K-Einfang.

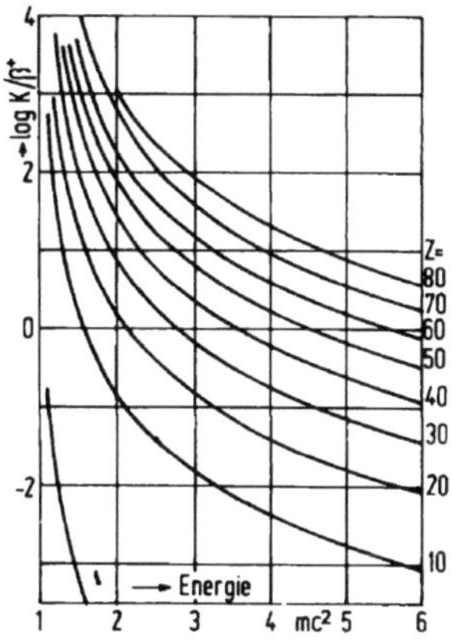

Fig. 2. Verhältnis von K-Einfang zu β^+-Ausstrahlung. Die Energieskala gibt die Größe $(E_{\beta+}/0{,}511) + 1$ an, mit $E_{\beta+}$ in MeV

8. Zerfallsschema

Die beste Übersicht über alle beim Kernzerfall auftretenden Strahlungseffekte gibt ein Termschema, wie es analog zur Darstellung von Atom- und Molekülspektren üblich ist.

Alle Energiezustände eines durch Z und M gekennzeichneten Kernes werden ü b e r e i n a n d e r durch waagerechte Linien („Terme") markiert, wobei die unterste den Grundzustand (mit dem Nullpunkt der Energieskala) darstellt. Wegen besserer Übersichtlichkeit werden die Termabstände meist nicht maßgerecht gezeichnet. Um trotzdem Zahlenwerte entnehmen zu können, ist rechts neben jedem Term der jeweilige Energiewert (meist in MeV) vermerkt.

Termsysteme für Kerne mit verschiedenem Z werden n e b e n einander nach wachsenden Z-Werten angeordnet. Dadurch entstehen bei α-, β^--, β^+- und EC-Übergängen s c h r ä g e Linien, die von einem Termsystem zu einem daneben liegenden laufen. γ-Strahlung ist immer durch s e n k r e c h t e Verbindungslinien innerhalb eines Termsystems gekennzeichnet.

Als Beispiel ist in Figur 3 das Zerfallsschema des ^{56}Mn wiedergegeben. Es ist üblich, β-Strahlung beginnend mit der h ö c h s t e n Energie als $\beta_1, \beta_2, \ldots$ zu numerieren. Bei γ-Strahlung wird umgekehrt mit der k l e i n s t e n Energie als γ_1 angefangen. Für radiochemische Zwecke ist es bequem, die γ-Übergänge von links nach rechts gestaffelt derart einzuzeichnen, daß sie nach steigender γ-Energie geordnet sind. Die meisten Sammelwerke von Zerfallsschemata sind zur kernphysikalischen Auswertung bestimmt. In ihnen sind daher alle von einem Niveau ausgehenden Strahlungen zusammengefaßt gezeichnet.

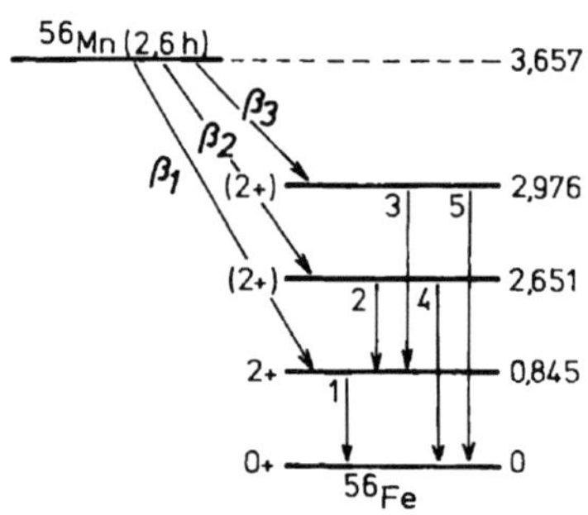

Fig. 3. Zerfallsschema von ^{56}Mn. – Intensitäten: β_1 54,8%; β_2 30,0%; β_3 15,2%; – γ_1 97,8%; γ_2 28,4%; γ_3 14,7%; γ_4 1,8%; γ_5 0,4%.

9. Metastabile Zustände

Alle Strahlung, die beim Zerfall des ^{56}Mn ausgesandt wird, klingt mit der gleichen Halbwertzeit ab. Die Verweilzeit eines Kernes in einem der angeregten Zustände ist nämlich meist äußerst klein ($\approx 10^{-10}$ s). Gelegentlich beobachtet man jedoch, daß e i n e r der angeregten Zustände eine weit höhere Lebensdauer (Sekunden bis Jahre) hat. Solche „metastabilen" Zustände werden durch ein „m" hinter der Massenzahl gekennzeichnet. Die Übergänge heißen *isomere Übergänge* (engl.: isomeric transition, abgekürzt I. T.), da bei ihnen Z und M des Kernes unverändert bleiben. Fig. 4 zeigt als Beispiel das Zerfallsschema des ^{77}As. Das Niveau 0,160 MeV im Termsystem des ^{77}Se hat eine Halbwertzeit von 17,5 s. Die von diesem ^{77m}Se-Kern ausgehende Strah-

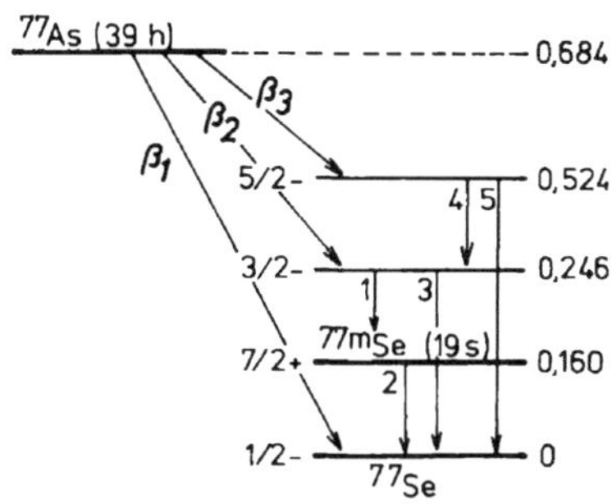

Fig. 4. Zerfallsschema von ^{77}As. – Intensitäten: β_1 97,5%; β_2 2,0%; β_3 0,5%; – γ_1 0,52%; γ_3 1,50%; γ_4 0,50%; γ_5 0,02%; – γ_2 100% ($t_{1/2}$ 19 s).

lung γ_2 = 0,160 MeV klingt also im Gegensatz zu allen anderen γ-Quanten mit der Halbwertzeit $t_{1/2}$ = 19 s ab.

Solche metastabilen Zustände können natürlich auch im Termsystem instabiler Kerne zusätzlich auftreten. Bei Erzeugung von ^{60}Co durch Neutronenbeschuß aus stabilem ^{59}Co entsteht immer auch ein ^{60m}Co, das eine Halbwertzeit von 10,5 m besitzt. In Figur 5 sind die Zerfallsschemata von ^{60m}Co und ^{60}Co getrennt gezeichnet, damit man erkennen kann, welche Strahlungen mit der gleichen Halbwertzeit abklingen.

Das Vorkommen solcher metastabiler Zustände ist analog den „verbotenen Übergängen" bei Atomspektren dadurch zu deuten, daß ein Übergang in den tiefer gelegenen Grundzustand (und damit die Energieabstrahlung) gewissen Hemmungen unterliegt, die durch die Quantenzahlen der beiden Zustände gegeben sind.

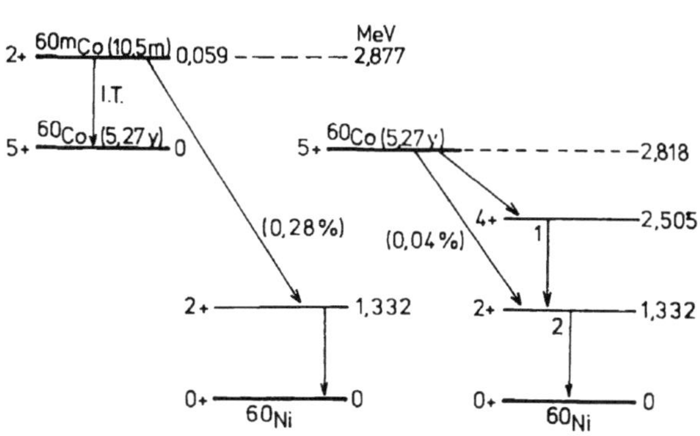

Fig. 5. Zerfallsschema von ^{60m}Co + ^{60}Co

Die Rechnungen für Atomspektren haben ergeben, daß es sich bei der aus metastabilen Zuständen abgestrahlten Lichtenergie nicht um die normalerweise auftretenden Dipolstrahlung handelt, sondern um *Quadrupolstrahlung*. Das bedeutet, daß nicht nur ein „Leuchtelektron" sondern deren zwei an der Energieänderung des Zustandes beteiligt sind. Auf analoge Ursachen, nämlich auf die Beteiligung mehrerer Kernbausteine an der Energieänderung dürften auch die Hemmungen des Überganges im Kern zurückzuführen sein.

Ein wichtiger Effekt aber unterscheidet Atom- und Kernspektren. Ein Atom kann aus einem metastabilen Zustand auch strahlungslos in den Grundzustand gelangen, nämlich durch Stöße II. Art, wobei die Anregungsenergie in kinetische Wärmebewegung überführt wird. Deswegen werden Lichtquanten, die solchen verbotenen Übergängen entsprechen, im Atomspektrum nur ganz selten beobachtet, nämlich nur unter extremen Versuchsbedingungen.

Die Kerne haben die Möglichkeit solcher Stöße II. Art nicht, weswegen man γ-Strahlung von solchen inneren Übergängen immer experimentell nachweisen kann. Dabei können je nach der Anzahl der beteiligten Kernbausteine die verschiedensten Typen von *Multipolstrahlung* auftreten. Einmal kann es sich um elektrische Multipole handeln, die man durch E1, E2, . . . kennzeichnet. Zum anderen können auch Multipole magnetischen Ursprungs vorliegen, die durch M1, M2, . . . bezeichnet werden, je nachdem ein Dipol, Quadrupol, Oktupol, usw. vorliegt. Bei den isomeren Übergängen handelt es sich meist um die Typen E3, E4, M4 oder M5.

10. Konversions-Elektronen

Je komplizierter nun das Umordnen der Kernbausteine ist, das zum Erreichen des tieferen Zustandes nötig ist, um so wahrscheinlicher ist es, daß dabei intermediär solche Zustände durchlaufen werden, bei denen eine Rückwirkung auch auf die innersten Teile der umgebenden Elektronenhülle erfolgt. Das Bestehen solcher Wechselwirkungen zwischen Kernfeld und Hüllenelektronen ist uns ja schon aus dem Mechanismus des K-Einfangs bekannt.

Bei γ-Übergängen kann nun zwischenzeitlich der Fall eintreten, daß die gesamte in den Kernbausteinen vorhandene Überschußenergie auf ein Hüllenelektron übertragen ist, sodaß gar kein γ-Quant, sondern ein Elektron aus der Hülle mit der betreffenden Energie fortfliegt. Solche *Konversionselektronen* sind also im Gegensatz zu β-Teilchen immer *monoenergetisch*. Sie enthalten die gesamte γ-Energie minus der Bindungsenergie in der betr. Schale.

Das gegebene Modell des Konversions-Mechanismus läßt viele Eigenschaften dieses Effektes verstehen. Das *Ausmaß der Konversion* wird um so größer, je höheren Typ die Multipolstrahlung hat. Sie ist ferner um so ausgeprägter, je höher die Ordnungszahl Z des Kerns ist, da dann die K-Schale immer näher an den Kern heran rückt. Sie ist ferner um so größer, je geringer der umzusetzende Energiebetrag ist, da nämlich dann die Lokalisierung dieses Betrages im Elektron immer wahrscheinlicher wird. Konversion kann n i c h t mehr eintreten, wenn der verfügbare Energiebetrag geringer ist als die Bindungsenergie des Elektrons in seiner Schale.

Die Kenntnis des Ausmaßes der Konversion ist für die Strahlungsmeßtechnik außerordentlich wichtig. So würde man z. B. für den Nachweis von ^{60m}Co einen γ-empfindlichen Detektor als günstig ansehen, da γ-Quanten von 0,059 MeV gemessen werden sollen. Tatsächlich ist die Konversion bei diesem Übergang aber so bedeutend, daß nur 3% als γ-Quanten, die restlichen 97% aber als Konversionselektronen auftreten. Zum Nachweis ist also ein β-empfindlicher Detektor weit besser geeignet.

Tabelle 2: Auftreten von Multipolstrahlung als Funktion der Spinänderung ΔJ und der Paritätsänderung

ΔJ	Paritäts-änderung	Strahlungstyp
0 (J≠0)	ja nein	E1 M1 oder E2
1	ja nein	E1 M1 oder E2
2	ja nein	M2 E2
3	ja nein	E3 M3
4	ja nein	M4 E4
5	ja nein	E5 M5

Die Quantentheorie erlaubt es, Tabellen für das Ausmaß der Konversion zu berechnen, aus denen bei bekannter γ-Energie, Ordnungszahl Z und dem

Multipoltyp der Wert von $e/\gamma (= \frac{\text{Elektronen}}{\gamma\text{-Quanten}})$ entnommen werden kann. (z. B. *E. Rose:* Internal conversion coefficients). Der Multipoltyp läßt sich aus dem Zerfallsschema ermitteln, wenn Spinquantenzahl J und Parität (+ oder –) für die beteiligten Niveaus angegeben sind. Diese Größen werden (wenn bekannt) links von den betreffenden Termen vermerkt. Mit den Angaben der Tabelle 2 kann man dann die Zuordnung vornehmen.

Prinzipiell ist jeder γ-Übergang teilweise konvertiert. Jedoch liegt die Konversion unterhalb 1%, wenn $E_\gamma > 0{,}5$ MeV und Strahlungen der einfachen Typen E1, E2, M1 vorliegen.

Als Folgeerscheinung jedes Konversionsaktes hinterbleibt in der Atomhülle eine Lücke. Bei Auffüllen jeder solchen Lücke muß daher auch ein *Röntgenquant* entsprechender Energie beobachtbar sein.

11. Vernichtungsstrahlung

Die bei β^+-Zerfall entstehenden Positronen sind nur solange existenzfähig, wie sie noch kinetische Energie besitzen. Ein β^+-Teilchen verschwindet daher am Ende seiner Abbremsung, indem es sich mit einem der überall im durchstrahlten Medium vorhandenen negativen Elektronen zusammentut und nach dem Schema

$$e^+ + e^- \rightarrow 2\,\gamma \qquad (E_\gamma = 0{,}511 \text{ MeV})$$

in zwei γ-Quanten zerstrahlt. Da das aus den beiden Elektronen bestehende System infolge der schon erfolgten Abbremsung einen Impuls nahe Null besitzt, darf es wegen des Impulserhaltungssatzes auch nach der Zerstrahlung nur einen gleichgroßen haben. Daher werden zwei γ-Quanten erzeugt, die in (fast genau) um 180° verschiedener Richtung abstrahlen. Die Energie muß den einer Elektronenmasse ($\triangleq$ 0,00055 AME) äquivalenten Betrag von 0,511 MeV haben. Solche *Vernichtungsquanten* entstehen also erst außerhalb des Kernes irgendwo in der Umgebung.

12. Äußere Bremsstrahlung

Ein weiterer Effekt, der die nach dem Zerfallsschema zu erwartende Strahlung verändert, tritt ganz allgemein an bewegten Elektronen ein. Immer, wenn ein Elektron (oder Positron) auf seinem Wege in die Nähe einer anderen elektrischen Ladung kommt, tritt Coulombsche Anziehung oder Abstoßung ein, die die geradlinige Bahn in eine hyperbolische umbiegt. Die dabei auftretenden Beschleunigungen sind grundsätzlich von einer Energieabstrahlung begleitet, die ein *kontinuierliches* Spektrum besitzt, da Abstände und Geschwindigkeitsverluste ganz zufällig verteilt sind. Das Spektrum besitzt aber eine obere Grenze, da höchstens der *ganze* Energiebetrag des Elektrons in Bremsstrahlung verwandelt werden kann. Als Quelle für Bremsstrahlung kommen außer β^+- und β^--Teilchen auch die Konversionselektronen in Betracht.

Zur Abschätzung des Ausmaßes der erzeugten Bremsstrahlung dient die Regel, daß das Verhältnis der durch Bremsstrahlung erzeugten Energieverluste zu denjenigen, die durch Stoßionisation bewirkt sind, etwa gleich $E.Z/800$ ist. E ist die Energie des Elektrons in MeV, Z die Ordnungszahl des durchstrahlten Mediums.

Eine Übersicht über die Vielzahl der Erscheinungen, die bei den im Zerfallsschema möglichen Übergängen auftreten, vermittelt Tabelle 3. Nur zwei Effekte treten erst *außerhalb* des zerfallenden Atoms auf, nämlich die Bildung von Vernichtungsquanten und die äußere Bremsstrahlung. Ihr Anteil in der vom Detektor aufgefangenen Strahlung ist daher stark von der *Umgebung* abhängig. Alle anderen Effekte sind durch das Zerfallsschema festgelegt.

Die Spalte β^+ enthält auch die Strahlungen aus dem K-Einfang (EC), da immer auch EC eintritt, wenn β^+ energetisch möglich ist (vgl. Fig. 2, S. 21).

In der Spalte γ sind die beiden *sekundär* aus Konversionselektronen stammenden Effekte mit γ_e gekennzeichnet.

Tabelle 3: Ursprung der verschiedenen Strahlungstypen

Es entstehen	aus folgenden Term-Übergängen			
β-Teilchen (E_β kontin.)	β^-	β^+		
Konversions-e^- (monoenerg.)				γ
γ-Quanten				γ
0,511 γ-Quanten		β^+		
Röntgenquanten		(EC)	EC	γ_e
äußere Bremsstrahlung	β^-	β^+		γ_e
innere Bremsstrahlung		(EC)	EC	

Zusammen mit dem Zerfallsschema erleichtert Tabelle 3 das Auffinden des zum Nachweis günstigsten Strahlungseffektes und führt damit zur Wahl des bestgeeigneten Detektortyps.

II. Wechselwirkung von Strahlung mit Materie

13. Energieverluste von Teilchen

Der Nachweis der bei radioaktiven Zerfallsprozessen ausgesandten Teilchen und Quanten kann nie direkt, sondern nur auf dem Umweg über die Wechselwirkung der Strahlung mit derjenigen Materie erfolgen, die auf dem Weg der Teilchen den allmählichen Verlust der kinetischen Energie bewirkt. Nur solange die α-Teilchen, Elektronen oder γ-Quanten noch Energie besitzen, können sie nachgewiesen werden. Daher ist die Untersuchung der Mechanismen notwendig, nach denen Energieverluste eintreten. Als Partner kommen prinzipiell die Elektronenhüllen oder die Kerne des durchstrahlten Materials in Betracht.

Falls das Teilchen während des Prozesses erhalten bleibt, spricht man generell von *Streuung.* Als *elastische* Streuung wird ein Prozeß bezeichnet, bei welchem vor und nach dem Stoß die k i n e t i s c h e Energie des Systems die gleiche ist. Im Fall *unelastischer* Streuung ist die kinetische Energie nach dem Stoß k l e i n e r geworden. Sie ist dann teilweise zu Ionisations- oder Anregungsprozessen verbraucht worden.

Da sich α-, β- und γ-Teilchen in Ladung und Ruhmasse sehr stark unterscheiden, ist auch der Mechanismus der Energieverluste außerordentlich verschieden.

14. Absorption von α-Teilchen

Stöße von α-Teilchen auf Kerne sind sehr selten und tragen daher wenig zum Energieverlust bei. Der größte Beitrag wird von inelastischer Streuung an Hüllenelektronen geliefert, wobei das Elektron 0,1 bis 1 keV an Energie übernehmen kann (sogen. δ-Strahlen). Diese δ-Elektronen verlieren dann ihre Energie genau wie β-Teilchen durch sekundäre Ionisationsprozesse.

Zwischendurch versucht das α-Teilchen auf seinem Wege (viele tausend Male) ein Elektron einzufangen unter Auffüllung seiner K-Schale. Da hiermit aber eine etwa 10^{10}-fache Vergrößerung seines Querschnitts eintritt (Kernradius ≈ 10^{-13} cm. K-Schalenradius ≈ 10^{-8} cm), werden diese eingefangenen Elektronen beim nächsten Stoßpartner sofort wieder abgestreift. Daher verlieren α-Teilchen ihre Ladung erst kurz vor dem totalen Verlust der kinetischen Energie, nämlich dann, wenn die letztere kleiner geworden ist als die Bindungsenergie der Elektronen in der K-Schale des He-Atoms.

Bei Stößen mit Elektronen ist wegen des hohen Massenunterschiedes mit nur geringen Richtungsänderungen des α-Teilchens zu rechnen. Nebelkammeraufnahmen zeigen die geradlinige Bahn von α-Teilchen sehr deutlich. Bei Durchqueren eines absorbierenden Materials müßte wegen dieser Geradlinigkeit die kineitsche Energie jedes Teilchens immer bei der gleichen Wegstrecke auf Null abgeklungen sein. α-Teilchen einer gegebenen Energie besitzen tatsächlich sämtlich fast die gleiche *Reichweite.* Die Abweichungen sind statistisch bedingt durch die Wahrscheinlichkeit des Eintretens der einzelnen Stoßprozesse. Das liefert eine einfache Bestimmungsmethode für die Energie der α-Teilchen durch Vorschalten von Absorbern verschiedener Stärke, z.B. einfache Abstandsänderung von Detektor und Strahlungsquelle, wobei die durchstrahlte Luftstrecke variiert wird. Bei Überschreiten eines bestimmten Abstandes hört dann der Detektor plötzlich auf, α-Teilchen zu registrieren. Figur 6 zeigt die Reichweite von α-Strahlung verschiedener Energie als Funktion der durchstrahlten Dicke einer Luftschicht. Man entnimmt dem Diagramm, daß in Luft von Normalbedingungen (Dichte = 1,293 mg/cm^3) die Reichweite nur wenige Zentimeter beträgt.

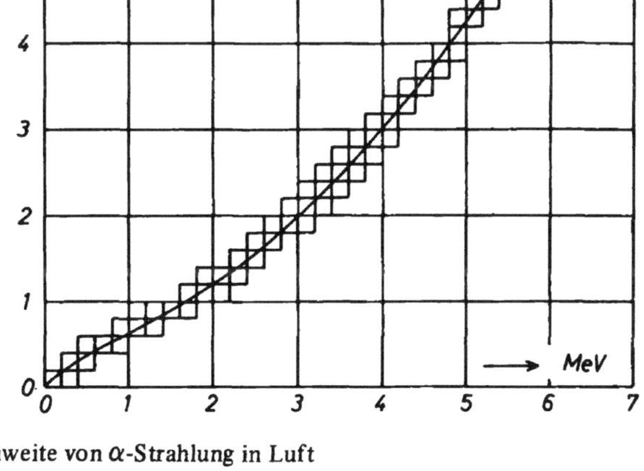

Fig. 6. Reichweite von α-Strahlung in Luft

15. Maß der Absorberdicke

Da der Haupteffekt bei Absorption aller drei Strahlungsarten in der Wechselwirkung mit den Hüllenelektronen besteht, kommt es für die Absorptionsfähigkeit eines Absorbers auf die Elektronenkonzentration an, die die Strahlung auf dem Wege d durch den Absorber antrifft. Hat das Material die Dichte ρ [g/cm^3], die Ordnungszahl Z und die Atommasse M, so ist die Elektronenzahl pro Gramm gegeben durch $Z \cdot 6{,}025 \cdot 10^{23}/M$ und die Elektronenzahl pro cm^3 gleich $6{,}025 \cdot 10^{23} \cdot Z \cdot \rho/M$. Diese kommt auf der Wegstrecke d im Absorber zur Wechselwirkung mit der Strahlung. Deswegen ist die Größe $6{,}025 \cdot 10^{23} \cdot Z \cdot \rho \cdot d/M$ [g/cm^2] ein Maß für die Absorptionsfähigkeit eines Absorbers. Da nun Z/M für alle Elemente näherungsweise gleich 1/2 ist, kann allgemein das Produkt aus Dichte ρ und Dicke d als Charakteristikum eines Absorbers verwendet werden. Diese als *Flächengewicht* bezeichnete Größe wird meist in mg/cm^2 angegeben, bei γ-Absorbern wie Blei in g/cm^2.

Rechnet man die Reichweite von α-Strahlung mittels des Flächengewichts von Luft auf andere Materialien um, so zeigt sich, daß zur Abschirmung von α-Teilchen schon ein Blatt Papier ausreicht.

16. Absorption von β-Teilchen

Wegen der geringen Masse (0,00055 AME) von β-Teilchen führen Stöße mit Hüllenelektronen bei ihnen viel häufiger zu starken Richtungsänderungen als bei α-Strahlen. Daher resultieren verschlungene Zickzackbahnen, wie sie auf Nebelkammeraufnahmen gut zu erkennen sind. Schon für β-Teilchen gleicher Energie ist wegen dieser statistisch verteilten Ablenkungen der Abstand zwischen dem Endpunkt eines β-Weges im Absorber und dem Eintrittspunkt nicht derselbe. Hinzu kommt noch die spektrale Verteilung der β-Energien nach Figur 1. Eine Vergrößerung der Absorberdicke zwischen β-Quelle und Detektor bewirkt daher nicht wie bei α-Teilchen ein plötzliches Absinken der Registrierung, sondern einen allmählichen Abfall.

Für monoenergetische Elektronen, die in parallelem Strahl auf einen Absorber der Dicke d [mg/cm^2] treffen, nimmt infolge der Richtungsänderungen bei der Streuung in jeder Absorberschicht die Anzahl N der auf den Detektor treffenden Elektronen linear mit der Dicke d ab, wie dies in Figur 7a gezeichnet ist. Da nun im natürlichen β-Spektrum auch viele Teilchen niederer Energie vorhanden sind, die schon in einer geringeren Absorberdicke stecken bleiben, muß für β-Teilchen die entsprechende Kurve nach unten durchgebogen sein (Figur 7b).

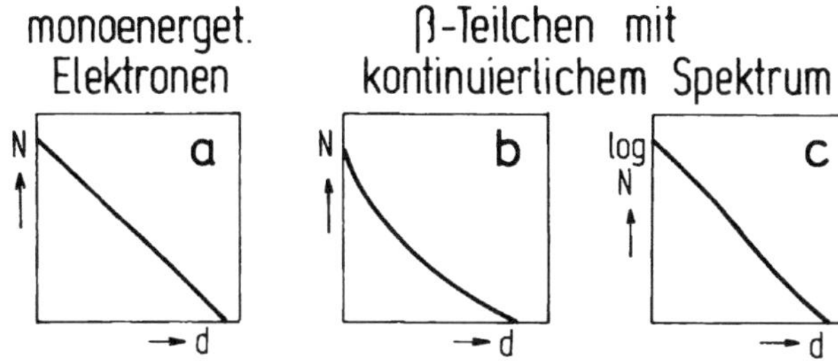

Fig. 7. Zur Absorption von Elektronen

Eine solche Kurve läßt sich meist näherungsweise als lineare Beziehung zwischen dem Logarithmus von N und der Absorberdicke d darstellen, wie dies aus Fig. 7c ersichtlich ist. Die β-Absorption läßt sich also durch ein Exponentialgesetz

$$N \approx N_o \cdot e^{-\mu' d}$$

annähernd beschreiben, das sich aus der Superposition der β-Spektralverteilung und den Streueffekten zufällig ergibt. Das Ausmaß der Streueffekte und damit die genaue Gestalt der Absorptionskurve hängt nämlich wesentlich von der gegenseitigen Anordnung der Probe, des Absorbers und des Detektors ab. Fener sei daran erinnert, daß außer den soeben betrachteten Stoßprozessen auch noch die Erzeugung äußerer Bremsstrahlung als Mechanismus für Energieverluste der β-Teilchen in Frage kommt. (Abschätzung vgl. S. 27).

Der Grenzwert N = 0 der durchgehenden Teilchenmenge wird jedoch entgegen der Formulierung im Exponentialgesetz nicht erst bei d = ∞, sondern schon bei einem für die höchste β-Energie charakteristischen Wert R erreicht, der die *Reichweite* im Absorber darstellt. Wie α-Teilchen werden also auch β-Teilchen vollständig absorbiert, was für γ-Quanten nicht gilt!

Als empirische Beziehung zwischen Energie E_β [MeV] und Reichweite R [mg/cm³] hat *Flammersfeld* 1947 die folgende Formel angegeben:

$$R = 110 \cdot \left\{ [1 + 22{,}4 \cdot E_\beta^2]^{1/2} - 1 \right\} \text{ [mg/cm}^2\text{]},$$

die das Versuchsmaterial gut wiedergibt. Oberhalb von $E_\beta > 0{,}8$ MeV kann man die lineare Beziehung

$$R = 518 \cdot E_\beta - 98 \text{ [mg/cm}^2\text{]}$$

mit der gleichen Genauigkeit anwenden.

Für den in der Näherungsbeziehung der β-Absorption enthaltenen Absorptionskoeffizienten μ' hat *Gleason* 1951 den (empirischen) Ausdruck

$$\mu' = 0{,}017 \cdot E_\beta^{-1{,}43} \quad [\mathrm{cm}^2/\mathrm{mg}]$$

aus umfangreichem Versuchsmaterial im Gebiet 0,1 bis 2,5 MeV für bra gefunden.

Bei allen diesen, die β-Absorption betreffenden Gleichungen handelt es nicht um Beziehungen, die aus irgendeiner Theorie der Wechselwirkung β-Strahlung mit Materie erhalten sind, sondern um empirische Formeln für den praktischen Gebrauch äußerst nützlich sind.

Aus der Formel für R läßt sich für jede β-Energie und jedes Material die wendige Dicke von β-Abschirmungen berechnen. Üblich sind Plexiglasp von 10 mm Dicke, die ca. 2,5 MeV an β-Energie stoppen.

Anstelle von μ' oder R wird gelegentlich auch die *Halbwertdicke* $d_H = 0{,}693/\mu'$ [mg/cm²] zur Kennzeichnung einer β-Strahlung verwend ist (analog der Halbwertzeit) als diejenige Absorberdicke definiert, bei Vorschalten die Zählrate auf die Hälfte verkleinert wird. Besonders wic wird dieser Begriff aber erst bei γ-Strahlung.

17. β-Rückstreuung

Die erwähnten starken Richtungsänderungen der β-Teilchen geben in de ersten Schichten eines Absorbers den gestreuten Elektronen die Möglicl den Absorber entgegen der Einfallsrichtung wieder g a n z zu verlassen Diese *Rückstreuung* ist besonders ausgeprägt bei hoher Elektronenkonz tion, also bei hoher Ordnungszahl Z des Absorbers.

Rückstreueffekte dieser Art verhindern beispielsweise, daß a l l e auf ei f e s t e s Detektormaterial auftreffenden β-Teilchen ins Innere gelangen Teil wird rückgestreut und kann daher den Detektor nicht zum Ansprec bringen. Das ist ein Effekt, der besonders bei β-Scintillations-Detektore sehr stört und deren Ausnutzung als β-Spektrometer einschränkt.

Die Rückstreuung führt ferner zu Verfälschungen von β-Meßergebnissen durch, daß von der U n t e r l a g e einer β-Quelle Elektronen zusätzlich Detektor reflektiert werden, die auf Grund ihrer ursprünglichen Richtu n i c h t zum Meßergebnis beitragen sollten. Man vermeidet Rückstreuu dieser Art durch Wahl einer Präparatunterlage mit niedrigem Z (Folien organischem Material).

18. γ-Absorption

Die *γ-Absorption* stellt zwar genau wie diejenige der α- und β-Teilchen e Wechselwirkung mit den Elektronen oder den Kernen des Absorbermat dar, unterliegt jedoch wegen der fehlenden Ruhmasse und der fehlenden Ladung der γ-Quanten anderen Gesetzmäßigkeiten.

γ-Quanten mit Energien oberhalb 8–10 MeV können *mit Kernen* Kernumwandlungen einleiten, da solche Energiebeträge die Bindungsenergie eines Kernbausteins im Kern schon überschreiten. Jedoch liegen die höchsten γ-Energien, die beim Zerfall von Radionukliden ausgesandt werden, unterhalb dieses Wertes (95% liegen sogar unterhalb 2 MeV), sodaß hier solche Effekte für die Absorption zu vernachlässigen sind.

Wegen des Fehlens einer elektrischen Ladung der γ-Quanten sind sie auch nicht von einem Coulombfeld umgeben, das Anziehung oder Abstoßung bewirken könnte. Da γ-Quanten auch keine Ruhmasse besitzen, haben sie auch keinen endlichen, nicht unterschreitbaren Querschnitt. Die Wechselwirkung *mit Elektronen* kann daher kein Stoßprozeß sein wie zwischen Billardbällen, die infolge des endlichen Durchmessers beider Stoßpartner bei Vorliegen der richtigen Richtung unter allen Umständen in Wechselwirkung treten müssen, also einander nicht ausweichen können. Vielmehr besteht nur eine gewisse Wahrscheinlichkeit, daß ein γ-Quant überhaupt mit Elektronen in Wechselwirkung gerät. Daher läßt sich nicht vorhersagen, ob ein bestimmtes γ-Quant in einer gegebenen Absorberdicke überhaupt absorbiert wird. Es kann auch hindurchfliegen. Festgestellt kann immer nur werden, daß von einer großen Menge von γ-Quanten ein von der Absorberdicke abhängender Teil zurückgehalten wird. Setzt man den durchgegangenen Teil nochmals einer gleichen Absorberdicke aus, so wird der gleiche Bruchteil der dort einfallenden γ-Quanten zurückgehalten. Daher gilt (analog dem Zerfallsgesetz bei Kernen) für die Absorption von γ-Quanten *exakt* ein Exponentialgesetz:

$$N = N_0 \cdot e^{-\mu' d} \tag{16}$$

Das bedeutet, daß γ-Quanten auch durch noch so dicke Absorber niemals vollständig zurückgehalten werden können!

Von den mannigfachen Prozessen, die bei Wechselwirkung von γ-Quanten ($E_\gamma < 2$MeV) mit Elektronen ausgelöst werden können, sind nur drei wesentlich, die in Fig. 8 a, b, c schematisch dargestellt sind. Bei relativ geringen γ-Energien bis zu etwa 0,5 MeV überwiegt der *Photoeffekt*, bei dem das γ-Quant seine gesamte Energie auf ein Elektron (= Photoelektron) überträgt. Damit ist das γ-Quant völlig verschwunden, weil es die Ruhmasse Null besitzt. Das Photoelektron erleidet dann anschließend die gleichen Prozesse, die ein β-Teilchen bis zum Verlust seiner Energie erfährt.

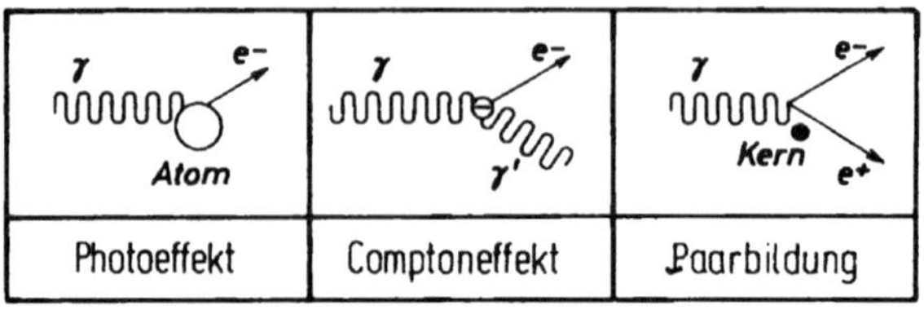

Fig. 8. Effekte bei γ-Absorption

Bei zunehmender Energie der γ-Quanten wird ein weiterer Prozeß (*COMPTON-Effekt*) immer wahrscheinlicher, bei dem nur ein Teil der γ-Energie auf das getroffene Elektron übertragen wird.

Die Gesetzmäßigkeiten dieser Comptonstreuung (1923) waren das erste Beispiel, an welchem Korpuskular- und Wellencharakter von Lichtquanten besonders eindrucksvoll erkennbar ist. Die experimentellen Ergebnisse lassen sich nämlich mit der Wellentheorie der elektromagnetischen Strahlung ebenso quantitativ deuten wie durch eine mechanische Stoßtheorie.

Nach der letzteren übernimmt das Elektron einen Teil der γ-Energie als kinetische Energie und das γ-Quant wird mit verminderter Energie E' in eine andere Richtung gestreut, wobei Energiesatz und Impulssatz gültig sind. Bezeichnet m_0c^2 die Energie des ruhenden Elektrons, so lautet der Energiesatz

$$E + m_0c^2 = E' + mc^2. \qquad (17)$$

Dabei ist die Masse des Elektrons infolge der beim Stoß erhaltenen Geschwindigkeit v verändert in

$$m = \frac{m_0}{\sqrt{1 - \frac{v^2}{c^2}}}. \qquad (18)$$

Der Impuls eines γ-Quants folgt aus $E = m_\gamma c^2$ zu $m_\gamma c = E/c$. Daraus ergibt sich das für den Comptoneffekt gültige *Impuls*-Diagramm der Fig. 9.

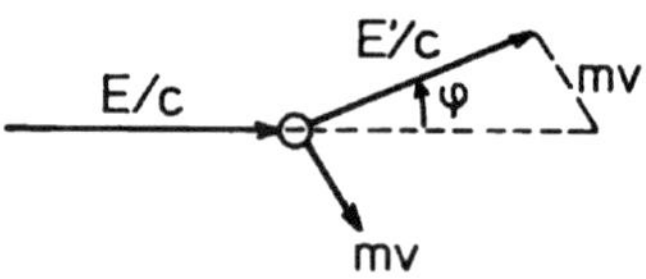

Fig. 9. Impuls-Diagramm zum Compton-Effekt

Durch Anwendung des cos-Satzes folgt

$$(mv)^2 = (E'/c)^2 + (E/c)^2 - (EE'/c^2) \cos\varphi$$

oder

$$m^2v^2c^2 = E'^2 + E^2 - 2\,EE' \cos\varphi. \tag{19}$$

Durch Quadrieren von (17) erhält man

$$m^2c^4 = (E - E')^2 + 2m_oc^2\,(E - E') + m_o{}^2c^4\,. \tag{20}$$

Subtrahiert man (19) von (20), so resultiert

$$c^4m^2(1 - \frac{v^2}{c^2}) = 2m_oc^2(E - E') - 2EE'(1 - \cos\varphi) + m_o{}^2c^4$$

oder wegen (18)

$$E - E' = \frac{EE'}{m_oc^2} \cdot (1 - \cos\varphi)\ .$$

Durch Auflösen nach E' folgt daraus

$$E' = \frac{E}{1 + \frac{E}{m_oc^2}(1 - \cos\varphi)}\ . \tag{21}$$

Mißt man die Energien in MeV, so ist $m_oc^2 = 0{,}511$ MeV. Die auf das Elektron übertragene Energie E_{el} ist $E_{el} = E - E'$, also wegen (21)

$$E_{el} = \frac{E}{1 + \frac{m_oc^2}{E(1 - \cos\varphi)}} \tag{22}$$

Bei einem „zentralen Stoß", also einem Ablenkwinkel von 180° überträgt das γ-Quant den Höchstwert E_{el}^{max} auf das Elektron. Wegen cos 180° = - 1 gilt dann

$$E_{el}^{max} = \frac{E}{1 + \frac{0{,}511}{2E}} \tag{23a}$$

$$\text{bzw. } E' = \frac{E}{1 + \frac{2E}{0{,}511}} \tag{23b}$$

Fig. 10 zeigt E' als Funktion der γ-Energie E. Man erkennt, daß das „rückgestreute" γ'-Quant höchstens 0,256 MeV an Energie besitzen kann.

Mit dem gestreuten γ' können nun alle Prozesse nochmals ablaufen. Es kann also z. B. mehrfache Comptonstreuung eintreten oder aber Photoeffekt. Als Endresultat liegt dann eine Übertragung und Aufteilung der γ-Energie auf viele Elektronen des Absorbers vor.

Übersteigt die γ-Energie den Betrag von 1,022 MeV, der der Ruhmasse von zwei Elektronen äquivalent ist, so ist die Vorbedingung für den dritten Prozeß, die sogen. *Paarbildung* gegeben. Wenn ein solches energiereiches γ-Quant auf

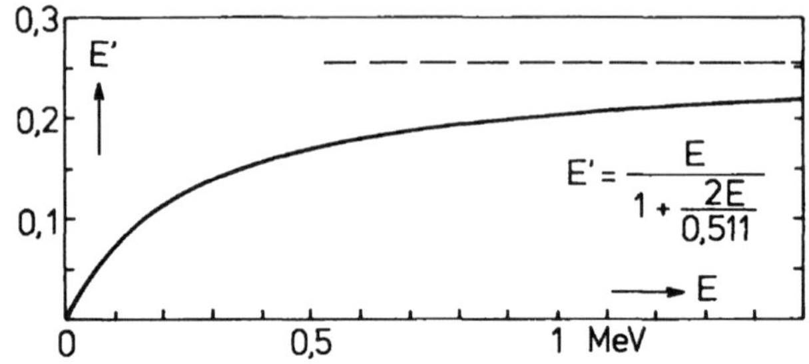

Fig. 10. Rückstreu-γ-Energie (gleichzeitig Abstand von Photopeak und Comptonkante)

einen Kern trifft, kann die Energie auf den Kern übergehen. Entweder strahlt der Kern alsdann das γ-Quant als solches wieder ab oder er entledigt sich der überschüssigen Energie auf die gleiche Weise, wie dies instabile Kerne bei ihrem Zerfall tun (s. S. 17ff.) Dabei wurden Energieüberschüsse als Elektronen abgestrahlt, die der Kern unter Umwandlung von Kernbausteinen produziert. Nun handelt es sich hier um einen stabilen Kern, auf den das γ-Quant einwirkt. Jede Umwandlung eines Neutrons in ein Proton, die ein e^- erzeugt, muß daher sofort wieder von dem umgekehrten Prozeß, also der Umwandlung eines Protons in ein Neutron gefolgt sein, bei dem ein e^+ erzeugt wird. Reicht die eingestrahlte γ-Energie für beide Prozesse aus, so wird also ein „Paar", nämlich ein e^- und ein e^+ gleichzeitig erzeugt und abgestrahlt. Überschüssige Anteile der γ-Energie erscheinen als kinetische Energie der Elektronen, wobei das Positron meist ein wenig mehr trägt als das negative Elektron, da in Kernnähe auf das erzeugte Positron noch die Coulombabstoßung wirkt, die es zusätzlich beschleunigt.

Dies sehr anschauliche Modell ist tatsächlich nicht in jedem Fall brauchbar, da Paarbildung auch in dem Coulombfeld eines Elektrons beobachtet wurde. Man findet in diesem Fall drei Elektronen (2 e^- und 1 e^+), von denen das eine negative Elektron nur eine sehr geringe kinetische Energie übernimmt.

Die Quantentheorie der Paarbildung ist sehr ähnlich derjenigen der Erzeugung von Bremsstrahlung und bestätigt quantitativ alle experimentellen Resultate über die Abhängigkeit der Paarbildung von der Ordnungszahl Z und der γ-Energie.

Für das Eintreten jedes der 3 Effekte gelten die Wahrscheinlichkeitsgesetze entsprechend Gl. (16), S. 33. Aber sie schließen sich gegenseitig aus. Ein γ-Quant, das z. B. Photoeffekt erlitten hat, kann keine Comptonstreuung mehr auslösen. Setzen wir an, daß von N_0 Anfangsquanten einige durch Photoeffekt verschwinden, so bleiben nur noch übrig

$$N_1 = N_o \cdot e^{-\mu_F \cdot d}$$

worin μ_F den Absorptionskoeffizienten für Photoeffekt darstellen soll. Nur diese N_1 Restquanten können dann noch Comptonstreuung erleiden, wobei ihre Zahl auf N_2 vermindert wird und gegeben ist zu

$$N_2 = N_1 \cdot e^{-\mu_C \cdot d}$$

(μ_C = Absorptionskoeff. für Comptonstreuung).

Diese N_2 Quanten können dann noch Paarbildung bewirken, wobei eine Anzahl N übrigbleibt, die den Absorber ungestört verläßt

$$N = N_2 \cdot e^{-\mu_P \cdot d} \quad .$$

Zusammenfassen der 3 Teilgleichungen ergibt

$$N = N_o \cdot e^{-\mu_F \cdot d} \cdot e^{-\mu_C \cdot d} \cdot e^{-\mu_P \cdot d}$$

$$= N_o \cdot e^{-(\mu_F + \mu_C + \mu_P) \cdot d} \quad .$$

Das bedeutet, man kann den Absorptionskoeffizienten aus Gl. (16) a d d i t i v aus Anteilen der 3 Effekte zusammensetzen:

$$\mu = \mu_F + \mu_C + \mu_P \ .$$

Die Werte dieser Anteile hängen stark von der γ-Energie und auch von den Eigenschaften (vor allem von der Ordnungszahl Z und der Dichte) des Absorbermaterials ab. Als Beispiele sind in den Figuren 11a, b Werte der μ in Aluminium, Blei und in NaJ als Funktion der γ-Energie wiedergegeben. Daraus lassen sich die üblichen Blei-Abschirmungen auf ihre Wirksamkeit beurteilen.

Mißt man die Absorberdicke d in cm, so muß μ die Dimension [cm^{-1}] haben, damit der Exponent von e eine reine Zahl wird. Dann bezeichnet man μ als (linearen) Absorptionskoeffizienten.

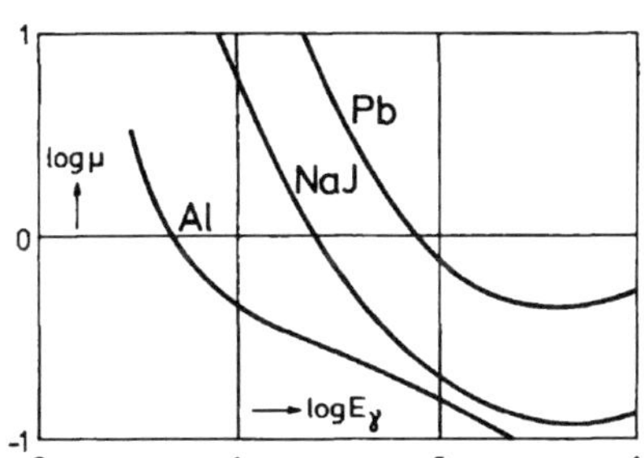

Fig. 11a. Linearer Absorptionskoeffizient μ in cm^{-1} als Funktion der γ-Energie in MeV

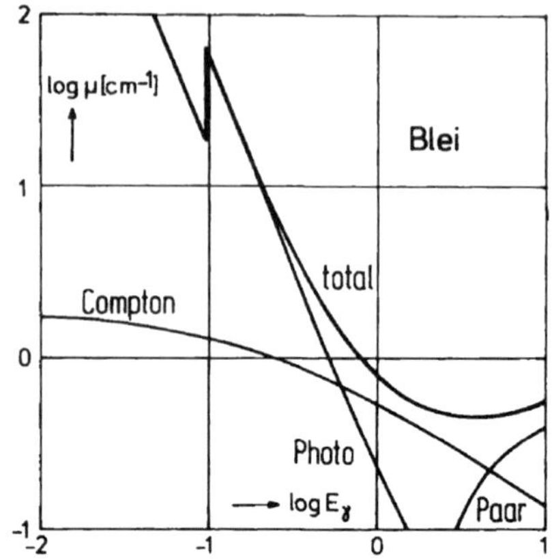

Fig. 11b. Teil-Absorptionskoeffizienten für γ-Strahlung in Blei

Wird die Absorberdicke d in Einheiten des Flächengewichtes [g/cm^2] gemessen, so resultiert ein anderes μ, das gewöhnlich als *Massenabsorptionskoeffizient* μ' bezeichnet wird. μ' hat die Dimension [cm^2/g]. Aus diesen Festsetzungen folgt, daß folgender Zusammenhang zwischen den beiden Absorptionskoeffizienten besteht

$$\mu = \mu' \cdot \rho,$$

worin ρ die Dichte des Absorbermaterials in g/cm^3 bedeutet.

III. Strahlungsmessung

19. Strahlungsdetektoren

Von den Effekten, die bei Durchgang von Strahlung durch Materie auftreten, werden zurzeit vorzugsweise die folgenden zur Messung der Strahlung benutzt:

1. Ionisation in Gasen,
2. Ionisation in Halbleitermaterialien,
3. Szintillation in Festkörpern und Flüssigkeiten.

Um die Anzahl der in den Detektor einfallenden Strahlungsquanten ziffernmäßig (= digital) zu erfassen, muß der Detektor eine nachgeschaltete Registriereinrichtung (= Zählgerät) zum Ansprechen bringen. Elektronische Zählgeräte erfordern dazu primär einen Spannungsimpuls, der das Zählwerk auf die nächste Ziffer umschaltet. Daher müssen die Detektoren als Ergebnis des Einfalls eines Strahlungsquants einen solchen Impuls erzeugen. Dies kann durch Ausnutzung der Ionisationseffekte in Gasen auf verschiedene Weise erreicht werden.

Die Erzeugung von Ionen durch die drei Strahlungstypen ist sehr unterschiedlich. In Luft erfordert die Erzeugung eines Ionenpaares ca. 30–35 eV/Paar. Mit diesem Wert kann man unter Berücksichtigung der oben beschriebenen Mechanismen Überschlagsrechnungen für die Ionisations d i c h t e in Luft durchführen. Man findet so für die Ionisationsdichte in Luft von Normalbedingungen (1 Atm. und 25° C) folgende ungefähre Werte:

α-Strahlung ergibt ca. 10^4 Paare/cm Weglänge,
β-Strahlung ergibt ca. 10^2 Paare/cm Weglänge,
γ-Strahlung ergibt ca. 10^0 Paare/cm Weglänge.

Infolge dieser großen Unterschiede sind die drei Strahlungen z. B. an Nebelkammeraufnahmen sofort zu erkennen.

Die einzelnen Typen solcher auf Gasionisation beruhender Detektoren unterscheiden sich nur in den Vorgängen, die sich anschließend an die Erzeugung der Ionen durch das Strahlungsquant im Detektor abspielen. Man kann dabei die Art des Füllgases, den Gasdruck und die anliegende Spannung, sowie durch geeignete Form der Kondensatorbelegungen die Verteilung des elektrischen Feldes variieren.

20. Ionisationskammer

Die primitivste und zugleich durchsichtigste Anordnung ist eine *Ionisationskammer.* Das ist ein gasgefüllter Kondensator, der durch eine äußere Gleichspannung über einen Widerstand R aufgeladen ist. Solange das Gas im Kondensator keine Ionen enthält, fließt durch R kein Strom und daher ist auch der Spannungsabfall an R gleich Null. Fällt jetzt ein Strahlungsquant in den Gasraum des Kondensators, so werden Gasatome ionisiert und die entstehenden Ionen und Elektronen bewegen sich auf die betreffenden entgegengesetzt geladenen Kondensatorplatten zu. Der Kondensator entlädt sich teilweise und die äußere Spannung ersetzt sofort wieder den Ladungsverlust. Dabei entsteht ein der Menge der transportierten Ionen entsprechender Stromstoß, dessen Dauer durch die Laufzeit der Ionen in der Kammer bestimmt ist. An R tritt gleichzeitig ein momentaner Spannungsabfall auf, der zur Ansteuerung eines Zählgerätes benutzt werden kann.
Die primär erzeugten Ionen können auf ihrem Weg zu den Elektroden rekombinieren, wenn die anliegende Spannung ihnen keine hinreichende Geschwin-

digkeit verleiht. Bei Steigerung der anliegenden Spannung wird also der Stromimpuls allmählich einem Sättigungswert zustreben, der bei weiterer Spannungserhöhung nicht mehr zunehmen kann, da nun sämtliche Ionen die Elektroden erreichen.

Bringt man zum α-Nachweis das Präparat direkt in eine Kammer von einigen cm Größe, die mit Gas von 1 Atm. Druck gefüllt ist, so erfolgt wegen der geringen α-Reichweite der gesamte Energieverlust innerhalb der Kammer, und die Impulse werden relativ groß. Bei β-Zählung erhält man wegen der geringeren Ionisationsdichte weit kleinere Impulse und benötigt daher empfindlichere Verstärker im Zählgerät. Sollen γ-Quanten gezählt werden, so pflegt man die Dichte des Füllgases (bis zu 40 Atm.) zu erhöhen, um ein brauchbares Ansprechvermögen zu bekommen.

21. Proportionalzähler

Wird die Spannung an einer Ionisationskammer über den zur Erreichung des Sättigungsstromes erforderlichen Wert weiter erhöht, so tritt schließlich ein neuer Effekt auf. Die Elektronen können dann derart hohe Geschwindigkeiten erreichen, daß sie bei Stoß an neutrale Atome des Füllgases dort weitere, sekundäre Ionisationen hervorrufen. Der geradlinige Weg eines Primärelektrons zu seiner Elektrode besteht dann aus einem Schlauch, in welchem immer neue Ionenpaare gebildet werden, die um so weniger rekombinieren können, je höher die angelegte Spannung ist.

Detektoren, die in diesem Gebiet arbeiten, heißen Proportionalzähler. Die Anzahl der zum Stromimpuls beitragenden Ionen ist durch diesen *Multiplikationseffekt* um ein Vielfaches erhöht, sodaß die vergrößerten Impulse leichter registrierbar sind.

Proportionalzähler werden mit einigen Kilovolt Spannung betrieben. Um damit die zur Auslösung des Multiplikationseffektes nötigen hohen Feldstärken zu erreichen, wird die Anode als sehr dünner Draht ausgebildet. In dessen Nähe sind wegen der starken Krümmung der Drahtoberfläche die Feldstärken am höchsten und dort spielen sich dann auch die Multiplikationsvorgänge vorwiegend ab. Als Füllgas wird meist Methan verwendet, das langsam durch den Meßraum strömt und dabei die irreversiblen Zersetzungsprodukte laufend entfernt (Methan-Durchflußzähler). Die zu zählende Probe wird direkt in den Gasraum gebracht.

22. Geiger-Müller-Zählrohre

Bei hinreichender Verdünnung des Füllgases und ausreichend hoher Spannung kann die Geschwindigkeit der Primärelektronen derart hoch werden, daß nicht nur Hüllenelektronen der äußersten Schalen herausgeschlagen werden, sondern auch solche der innersten Schalen. Das bedingt in diesen Atomen die Aussendung der entsprechenden Röntgenquanten, die ihrerseits wieder hinreichend Energie besitzen, um weitere Ionisationen hervorzubringen, nun aber auch in beliebigen, von der Feldrichtung abweichenden Richtungen. Auf diese Weise kann die im Multiplikationseffekt auf einen Schlauch in Feldrichtung beschränkte Sekundärionisation auf das gesamte Gasvolumen übergreifen und führt daher zur Ausbildung einer *Lawine* maximal möglicher Größe, gleichgültig, wie stark die Primärionisation war.

Dieser Entladungstyp bleibt über einige hundert Volt erhalten und wird als Geiger-Müller-Bereich bezeichnet. Bei noch stärkerer Steigerung der Spannung würde eine kontinuierliche Entladung einsetzen, die für Registrierzwecke nicht geeignet ist und das Zählrohr zerstört. Die in Geiger-Müller-Zählrohren erhaltenen Impulse sind sehr groß (10 bis 100 Volt) und erfordern daher nur einfache Verstärker im nachgeschalteten Zählgerät.

Nach Ausbildung der Lawine ist der ganze Raum des Zählrohres mit Elektronen und (schwereren) Kationen des Füllgases erfüllt. Die Elektronen wandern ganz wesentlich schneller im elektrischen Feld als die Kationen, so daß die Umgebung der (positiven) Anode schnell (in ca. 1 μsec) an Elektronen verarmt. Die langsamen Kationen bilden dann noch immer (einige 100 μsec lang) eine positive Raumladung, die das elektrische Feld in der Nähe der Anode verringert.

Nun werden auch die Kationen auf ihrem Weg zur Kathode laufend beschleunigt und könnten daher die Ursache weiterer Sekundärionisationen werden, die dann wieder zur Lawinenbildung führen müßten. Diese Beschleunigung der Kationen muß also verhindert werden. Dies gelingt durch Zusatz (von etwa 10%) eines *„Löschgases"*, das die kinetische Energie der Kationen auffängt, wobei die Löschgas-Moleküle Dissoziationsvorgänge erleiden.

Als Löschgas werden Aethylalkohol bzw. Brom zugesetzt. Die Alkoholmoleküle werden irreversibel zerstört. Ihr allmählicher Verbrauch begrenzt die Lebensdauer des Zählrohres auf etwa 10^9 Impulse. Halogengelöschte Zählrohre haben demgegenüber etwa 100-fache Lebensdauer, da die beim Stoß eintretende Dissoziation in Atome reversibel ist. Da aber die Br-Atome sehr reaktionsfähig sind, wird ein kleiner Teil von ihnen durch chemische Reaktion mit der Zählrohrwand allmählich verbraucht.

Geiger-Müller-Zählrohre gibt es in den verschiedensten Konstruktionen (Fig. 12). Die Messung fester Proben erfolgt meist mit *Endfenster-Zählrohren,* deren Zählvolumen von der glockenförmigen Kathode und einer sehr dünnen

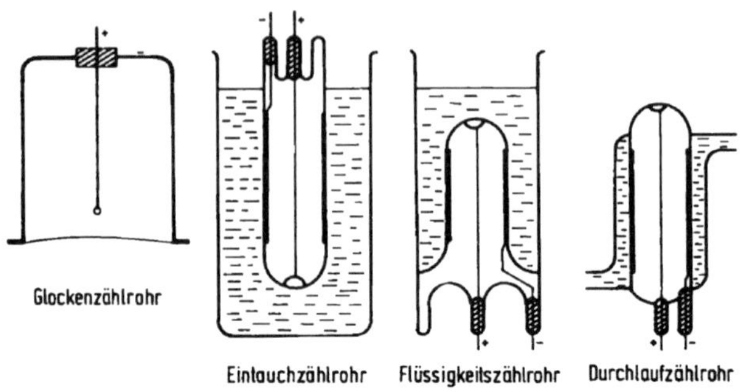

Fig. 12. Typen von GM-Zählrohren

(> 2 mg/cm^2) Glimmerfolie umschlossen wird. Die Anode ist als dünner, gerader Draht ausgebildet. Zur Messung flüssiger Proben dienen *Eintauchzählrohre* und sogen. *Flüssigkeitszählrohre,* die für kontinuierliche Überwachung von strömenden Flüssigkeiten auch als *Durchlaufzählrohr* ausgebildet sind.

Geiger-Müller-Zählrohre werden hauptsächlich zur Messung von β-Strahlung verwendet, wobei ein Ansprechvermögen von ca. 100% erreicht wird. Das Ansprechvermögen für γ-Strahlung ist infolge der im empfindlichen Volumen kleinen Materialdichte sehr gering (ca. 0,1%). Eine Verbesserung läßt sich erzielen, indem man das Wandmaterial des Zählrohres verstärkt. Dort wird die γ-Strahlung in Sekundärelektronen umgesetzt, und falls diese ins empfindliche Volumen des GM-Zählrohres gelangen können, spricht das Zählrohr an. So werden γ-Zählausbeuten bis zu 10% erreichbar.

23. Halbleiter-Detektoren

Die Verwendung von Gasen als Detektormaterial hat zwei Nachteile: einmal benötigt man immer eine feste Umhüllung des Gasraumes. Die Strahlung muß diese Umhüllung bei den meisten Konstruktionen erst durchdringen, ehe sie gemessen werden kann. Die einzige Ausnahme bilden die Proportionalzähler, in deren Gasvolumen die Zählprobe eingebracht werden kann. Viel schwerer wiegt aber der zweite Nachteil, der in der geringen Dichte und damit der geringen Ansprechwahrscheinlichkeit der Gase (besonders für γ-Strahlen) besteht. Einen Ausweg bietet die Verwendung von festen Halbleiter-Materialien.

Ein Halbleiter ist ein Kristall, der bei Temperaturen nahe dem absoluten Nullpunkt ein idealer Isolator ist, der aber bei höheren Temperaturen eine schnell zunehmende elektrische Leitfähigkeit besitzt. Der Mechanismus dieser Erscheinung läßt sich im Bänder-Modell so beschreiben, daß am absoluten Nullpunkt die Valenzelektronen sämtlich im Energiebereich des sogenannten *Valenzbandes* liegen. Bei höherer Temperatur werden einige dieser Elektronen infolge Anregung durch thermische Stöße in das e n g b e n a c h b a r t e *Leitfähigkeitsband* gehoben und sind dann im Kristallgitter frei beweglich. Damit die thermische Energie zu einem solchen Übergang ausreicht, dürfen Valenzband und Leitfähigkeitsband nur höchstens etwa 2 eVolt Abstand haben. In Germanium beträgt dieser Wert 0,6 eVolt. Bei typischen Isolatoren liegen beide Bänder um 5 bis 10 eV voneinander entfernt.

Dies einfache Bild ist praktisch aber nicht ausreichend, weil z. B. Germanium nicht absolut rein herstellbar ist, sondern immer mindestens 10^{13} durch Verunreinigungen bedingte gestörte Gitterstellen pro cm^3 besitzt. Um gut definierte Verhältnisse zu schaffen, setzt man daher dem Germanium absichtlich bekannte Mengen bekannter Verunreinigungen zu (*Dotierung*). Man dotiert z. B. mit Sb, das ein Valenzelektron m e h r als Ge besitzt. Das fünfte Elektron kann sich dann nicht mehr am Aufbau der Gitterbindungen beteiligen und ist daher relativ schwach gebunden. Sein Energiezustand läßt sich beschreiben als sehr nahe (0,1 bis 0,01 eV) der unteren Kante des Leitfähigkeitsbandes liegend. Diese Elektronen können äußerst leicht durch thermische Anregung ins Leitfähigkeitsband angehoben werden (*Donor-Niveaus*). Man nennt solche und analog gebaute Halbleiter *n-Halbleiter*, da ausschließlich (diese) Elektronen die Leitfähigkeit bewirken.

Umgekehrt kann man *p-Halbleiter* durch Dotierung mit Atomen wie In, Ga oder B herstellen, die alle ein Valenzelektron w e n i g e r als Ge besitzen. Dadurch entstehen „Lücken" in der Elektronenbesetzung des Kristallgitters und in diese Lücken können Elektronen des Valenzbandes durch geringfügige Aufnahme thermischer Energie angehoben werden. Im Bändermodell liegen die Energiewerte solcher „Acceptor-Niveaus" daher dicht oberhalb des Valenzbandes.

Die Fremdatome Sb bzw. Ga sind in den beschriebenen n- und p-Typen a u f G i t t e r p l ä t z e n des Ge-Gitters eingebaut. Sind die Fremdatome (bzw. -ionen) hinreichend klein, so können sie auch auf *Zwischengitterplätzen* sitzen, wobei der eintretende Effekt sich nicht immer mit Sicherheit vorhersagen läßt. So erzeugt z. B. Lithium auf Zwischengitterplätzen ein Donor-Niveau dicht unterhalb des Leitfähigkeitsbandes, während die durch Cu oder Ni erzeugten Donorniveaus etwa in der Mitte zwischen Valenzband und Leitfähigkeitsband des reinen Ge liegen.

Fügt man einen p- und einen n-Halbleiter zusammen, so wandern bei gewöhnlicher Temperatur freiwillig Elektronen aus dem n-Teil in den p-Teil hinüber und kompensieren im p-Teil einen Teil der dort vorhandenen Lücken. Es entsteht auf diese Weise in der Umgebung der Grenzschicht eine Zone, die an leichtbeweglichen Lücken bzw. Elektronen verarmt ist (= depletion region). Durch die Wanderung der Ladungen entsteht gleichzeitig ein (inneres) elektrisches Feld, dessen Richtung aus Fig. 13 zu entnehmen ist.

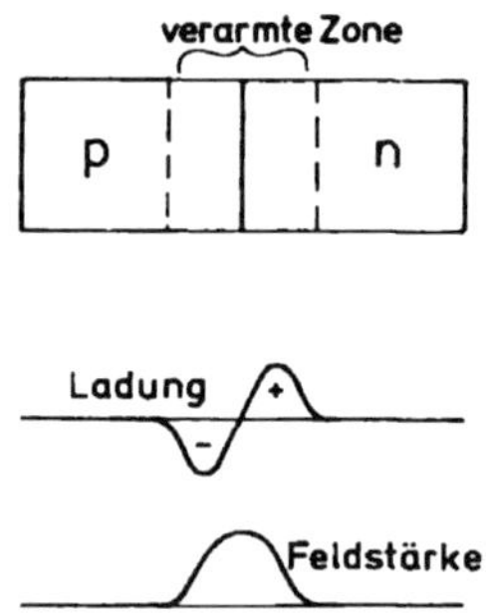

Fig. 13. Feldverlauf in einer pn-Schicht

Eine an die pn-Kombination außen angelegte Spannung wirkt je nach Polung verschieden. Liegt der Minus-Pol am p-Halbleiter, so werden die (positiven) Lücken in das p-Gebiet und die (negativen) Elektronen in das n-Gebiet gedrängt, die Grenzschicht verarmt an Ladungsträgern und wird daher schlechtleitend („Sperrschicht"). Bei umgekehrter Polung reichert sich die Grenzschicht mit Elektronen und Lücken an, sie wird gutleitend.

Schon eine solche pn-Grenzschicht kann als Strahlungsdetektor dienen. Werden nämlich in der Verarmungszone primäre oder sekundäre Ionisationsprozesse bewirkt, so wandern die dadurch erzeugten Ladungsträger (Elektronen + Lücken) in Richtung der entsprechenden Elektroden und bewirken einen zusätzlichen Stromimpuls. Solche einfachen pn-Grenzschichten sind jedoch nur begrenzt verwendbar, weil in ihnen nur Verarmungszonen von höchstens 1 mm Stärke erzeugt werden können. Die Ionisationswahrscheinlichkeit bei Strahlungseinfall ist in so dünnen Schichten besonders bei höheren Strahlungsenergien von einigen MeV sehr klein und das Ansprechvermögen eines solchen Detektors daher nicht ausreichend.

24. Ge(Li)-Detektoren

Um dickere Verarmungszonen von etwa 10 mm zu erzeugen, wendet man folgendes Verfahren an: Man stellt Kristalle von Germanium durch Ziehen aus einer Schmelze her, die mit Acceptoren wie In, Ga oder Bor dotiert ist, und erhält so einen p-Halbleiter (mit Querschnitten bis zu 30 cm^2). Auf eine Fläche des Kristalls wird nun Lithium aufgebracht, z. B. durch Elektroabscheidung aus einer Li-Salzschmelze (im Graphittiegel) bei ca. 400°C, da bei dieser Temperatur die Diffusion der Li^+-Ionen in der Schmelze maximal schnell erfolgt. Dies Lithium läßt man nun in Form von Li^+-Ionen bei ca. 50°C unter dem Einfluß einer außen angelegten Hochspannung (–Pol am Ge) in das Germanium einwandern („drift"-Prozeß). Das Ganze wird dabei durch Eintauchen in Pentan oder Chloroform (von 50°C) gekühlt. Die Li^+-Ionen gehen dabei auf Zwischengitterplätze und erzeugen Donor-Niveaus dicht (etwa 0,01 eV) unterhalb des Leitfähigkeitsbandes des Germaniums. Der Li-gedriftete Teil ist also nun n-Halbleiter. Damit ist die pn-Grenzschicht gebildet, die als Ge(Li)-Detektor benutzbar ist.

Leider bewirkt j e d e Energiezufuhr, also auch thermische Energie die Bildung von Ladungsträgern (Stoßionisation), wodurch ein unerwünschter Leerstrom auftritt. Dieser läßt sich nur dann auf weniger als 10^{-9} Amp. herabsetzen, wenn der Ge(Li)-Detektor bei sehr tiefer Temperatur (flüssige Luft) aufbewahrt wird. Er muß grundsätzlich i m m e r (auch außer Gebrauch) so stark gekühlt werden, da sonst die Diffusion der Li^+-Ionen auch in den reinen p-leitenden Teil schnell fortschreiten würde, wodurch der Detektor unbrauchbar wird. (Über weitere Einzelheiten vgl. S. 54 im Abschnitt Spektrometer.)

25. Szintillations-Detektoren

Bei manchen (festen oder flüssigen) Stoffen kann die infolge Strahlungseinfall absorbierte Energie in Form von Quanten sichtbaren Lichtes wieder abgestrahlt werden (Luminiszenz). Man beobachtet dann für jedes absorbierte Energiequant einen Lichtblitz. Dieser Effekt kann zur Konstruktion von Strahlungsdetektoren benutzt werden. Damit diese Lichtquanten beobachtbar werden, muß das betreffende Material für sichtbares Licht transparent sein. Sonst wäre die Sichtbarkeit auf Quanten beschränkt, die in Oberflächenschichten erzeugt werden.

Ist ein Stoff transparent, so fehlen in seinem Termschema offenbar Energiezustände, die vom Grundzustand aus durch Einstrahlung sichtbaren Lichtes erreicht werden können. Bei Einstrahlung größerer Quanten können solche Niveaus aber erreicht werden, und ein Teil der Anregungsenergie kann dann in Form sichtbaren Lichts erscheinen.

Solche „Phosphore" können ihre Leuchteigenschaft entweder vom Molekül her besitzen. Dann zeigen sie Luminiszenz nicht nur in fester, kristallisierter Form, sondern auch im gelösten Zustand (ungesättigte oder aromatische organische Verbindungen wie Anthracen). Die Luminiszenz kann aber auch ihre Ursache darin haben, daß das Gitterfeld des Kristalls entscheidend am Mechanismus beteiligt ist. In diese Gruppe gehören alle durch Fremdatome „aktivierten" kristallinen Phosphore (Ag-aktiviertes ZnS oder Tl-aktiviertes NaJ).

Die bei Strahlungseinfall gebildeten Elektronen werden bei Kristallphosphoren bis ins Leitungsband angeregt und erteilen dabei dem Isolatorkristall elektrische Leitfähigkeit. Sie können dann frei bis zu einem Aktivatoratom wandern, und dieses anregen. Anschließend wird dann ein Quant sichtbaren Lichtes ausgestrahlt. – Bei Molekülphosphoren muß der Anregungsprozeß in der nächsten Umgebung des luminiszenzfähigen Moleküls stattfinden, da Elektronenwanderung nicht möglich ist.

Bis es zur Ausstrahlung eines Luminiszenzquants kommt, treten immer Verluste (von 80 bis 90%) dadurch ein, daß die eingestrahlte Anregungsenergie durch Stöße II. Art in thermische Energie umgewandelt wird.

Schon *Crookes* (1903) zählte α-Teilchen durch mikroskopische Beobachtung der in ZnS ausgelösten Szintillationen. Viele der grundlegenden Gesetze über Radioaktivität sind auf diese mühsame Weise gewonnen worden. Erst als *Broser* und *Kallmann* (1947) die verfügbar gewordenen Photomultiplier zur Verstärkung und automatischen Registrierung anwendeten, hat sich dann eine sehr fruchtbare Entwicklung solcher Szintillations-Detektoren angebahnt. Heute verfügt man für α-, β- bzw. γ-Strahlen jeweils besonders geeignete Szintillationsmaterialien in beinahe jeder Form und Größe.

Der in Fig. 14 schematisch wiedergegebene Aufbau eines Szintillations-Detektors läßt erkennen, daß das einfallende Quant im Szintillator absorbiert wird und dort einen Lichtblitz erzeugt, der auf die lichtempfindliche Kathode (meist dünne Cs-Schicht mit Sb legiert) des Photomultipliers fällt und dort einige Photoelektronen auslöst. Diese werden kann durch eine Spannung von ca. 150 Volt beschleunigt, treffen auf die sogen. 1. Dynode (meist aus einer Be-Cu-Legierung) und erzeugen dort eine um den Faktor 3 bis 5 größere Elektronenmenge. Nochmalige mehrfache Beschleunigung (um jeweils 100 Volt pro Dynode) ergibt nach etwa 10 Stufen eine Vervielfachung der Elek-

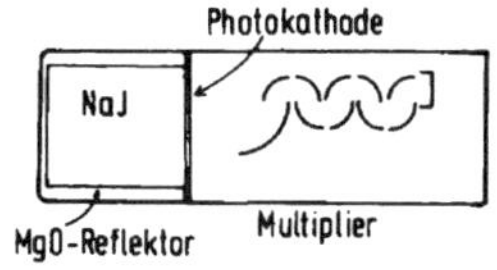

Fig. 14. Szintillations-Detektor (schematisch)

tronenzahl um den Faktor 4^{10}, also etwa 10^6. Diese Elektronenmenge kann nun beim Abfließen über einen ohmschen Widerstand (in der Hochspannungsversorgung) einen Spannungsimpuls erzeugen, der ein nachgeschaltetes Zählgerät ansprechen läßt. Durch geeignete Form und geometrische Anordnung der Dynoden versucht man die Verluste an Elektronen möglichst gering zu halten (Fokussierung).

26. Szintillator-Substanzen

Zum Nachweis von α-Teilchen wird auch heute noch feinkristallines ZnS benutzt, das mit einer geringen Ag-Menge aktiviert ist. Es wird in dünnen Schichten von nur 10 mg/cm^2 verwendet, da ZnS für sichtbares Licht nicht transparent ist. Für gute Ausbeuten kommt es daher auf die Korngröße wesentlich an. Die Messungen müssen im Dunkeln ausgeführt werden, damit der Photomultiplier nicht durch Fremdlicht überlastet und zerstört wird.

Für den Nachweis von β-Teilchen benutzt man zwecks Vermeidung der Rückstreuung Substanzen mit möglichst niedriger Ordnungszahl, meist organische Verbindungen ($Z < 6$). Deswegen haben diese β-Szintillatoren nur ein geringes Ansprechvermögen für γ-Strahlung. Es gibt zwei Typen von Szintillatoren, nämlich reine Einkristalle und Lösungen von Szintillatorsubstanzen.

Organische *Einkristalle* in reiner Form zeigen Szintillatoreigenschaften anscheinend dann besonders, wenn eine Folge von konjugierten Doppelbindungen im Molekül vorhanden ist, wie bei Anthracen, Naphthalin, Diphenyl, Terphenyl. Die höchste Ausbeute an Lichtquanten liefert das Anthracen, das auch in relativ großen Einkristallen hergestellt werden kann. Da es sich bei diesen Substanzen um Molekülphosphore handelt, besitzen sie auch im gelösten Zustand Szintillatoreigenschaften. Als besonders wirksam haben sich Lösungen von

p-Terphenyl

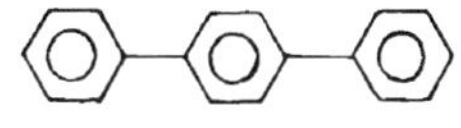

und

2,5-Diphenyloxazol

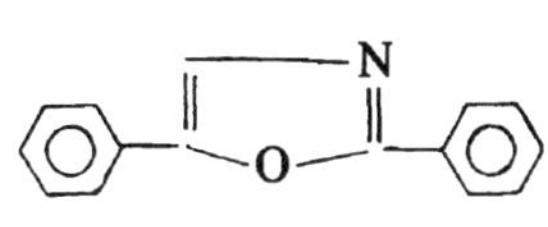

erwiesen. Als Lösungsmittel verwendet man Toluol, Xylol oder Diphenylcyclohexan, denen die Szintillatoren in Mengen von einigen Gramm pro Liter zugesetzt werden. Es kommen nur solche Lösungsmittel in Frage, die für die erzeugten Photonen transparent sind. Mit solchen Lösungen sind beliebig große Volumina erreichbar, wie sie für den Nachweis sehr hochenergetischer Strahlung und auch für die Ganzkörper-Dosimetrie erforderlich sind.

Meist stimmt die Wellenlänge der emittierten Lichtquanten nicht genügend mit dem Maximum der Empfindlichkeit der Photokathode überein. Durch Zusatz eines zweiten Stoffes ("shifter"-Substanz) kann man eine Verschiebung der Wellenlänge erreichen. Hier hat sich besonders das (in der Literatur häufig als POPOP abgekürzte)

1,4-Di(2-(5-phenyloxazolyl))-benzol

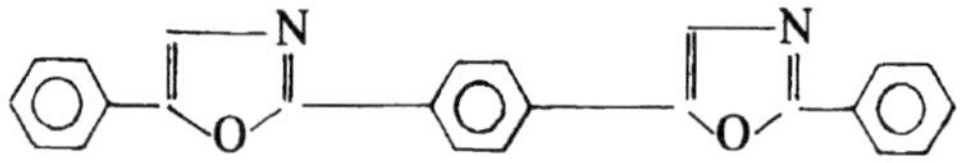

bewährt.

Solche Flüssig-Szintillations-Detektoren sind heute unentbehrlich für die Messung niederenergetischer β-Strahler wie ^{3}H, ^{14}C, ^{35}S und ^{45}Ca. Die zu messende Substanz wird der Szintillatorlösung beigemengt. Damit werden Absorptionsverluste der zu messenden Strahlung völlig vermieden. Jedoch tritt als neues Problem die Tatsache auf, daß durch den Zusatz der Meßlösung zur Szintillatorlösung die Luminiszenz teilweise ausgelöscht werden kann ("quenching"). Es muß – wie bei der α-Zählung – im Dunkeln gearbeitet werden. Ferner kann noch der Photomultiplier zwecks Unterdrückung des thermischen Rauschens gekühlt werden.

Das flüssige Lösungsmittel läßt sich auch durch feste polymerisierte Kunststoffe ersetzen. Man verwendet Polyvinyltoluol und Polystyrol. Die Szintillatorsubstanz (meist 30% p-Terphenyl + 0,5% Shifter) wird vor der Polymerisation zugesetzt („plastic"-Szintillatoren). Die hochtransparenten Blöcke lassen sich beliebig schleifen und bohren.

Zum Nachweis von γ-Strahlung geeignete Szintillatoren müssen wegen der geringeren Absorbierbarkeit der γ-Quanten außer einer hohen Materialdichte auch Atome möglichst hoher Ordnungszahl enthalten, damit die für die Absorption entscheidende Elektronenkonzentration möglichst groß wird. Transparenz für die emittierten Lichtblitze ist ebenfalls erforderlich. Beide Forderungen werden heute am besten erfüllt von NaJ-Einkristallen, die mit 0,1% Thallium aktiviert sind. Man kann Einkristalle bis etwa 20 cm Durchmesser herstellen. Derart große Szintillatoren haben auch für hochenergetische (bis 10 MeV) γ-Strahlen ein sehr gutes Ansprechvermögen. CsJ-Kristalle wären wegen der höheren Ordnungszahl des Cs noch brauchbarer, sind aber wegen der Schwierigkeiten bei der Herstellung der Einkristalle unvergleichlich teurer.

Für die verschiedenen Meßprobleme gibt es unterschiedliche Formen der NaJ-Kristalle. Der Normaltyp ist ein zylindrischer Kristall mit quadratischem Querschnitt, dessen Grundfläche in optischem Kontakt mit der Photokathode des Multipliers ist. Die als Lichtschutz vorhandene Al-Umhüllung ist an einer der ebenen Flächen dünner gehalten. Das Ansprechvermögen ist dann für sehr niederenergetische γ-Quanten dort günstiger.

Für kleine Proben im festen oder flüssigen Zustand benutzt man Kristalle, die eine Sackbohrung zur Aufnahme der Probe besitzen. Das ergibt eine hohe Zählausbeute.

Sollen große Volumina (von mehreren Litern) gemessen werden, so sind überhängende Behälter vorteilhaft, die den Szintillator möglichst allseitig umschließen. Für strömende Flüssigkeiten sind auch NaJ-Kristalle mit durchgehender Querbohrung erhältlich. Für den gleichen Meßzweck ist aber auch eine in einem Bohrlochkristall untergebrachte Rohrschleife brauchbar.

27. Zählgeräte

Die vom Detektor gelieferten Spannungsimpulse können auf zwei prinzipiell verschiedene Weisen im Zählgerät registriert werden. Entweder wird jeder Impuls einzeln dazu benutzt um einen elektronisches (oder mechanisches) Zählwerk weiter zu schalten. Dann erhält man eine *digitale Anzeige* der während einer bestimmten Meßzeit eingetroffenen Impulsanzahl. Damit dies Verfahren anwendbar ist, müssen für die Einer und Zehner äußerst schnell schaltende Stufen benutzt werden.

Bei dem zweiten Verfahren wird – analog wie bei Betrieb eines ballistischen Galvanometers – der relativ träge Zeiger eines Meßinstrumentes durch die laufend mit einer gewissen Regelmäßigkeit eintreffenden Spannungsstöße zu einem konstanten Ausschlag gebracht, der dann ein Maß für die Zähl r a t e (= Impulszahl pro Zeiteinheit) ist (*Ratemeter*).

28. Spektrometer

Bei vielen radiochemischen Untersuchungen genügt es, die totale Aktivität der Probe zu kennen. Dies ist immer dann ausreichend, wenn nur ein einziges Radionuklid anwesend ist, über dessen Natur kein Zweifel besteht.

Falls mehrere Radionuklide anwesend sein können, gewinnen Verfahren an Interesse, mit deren Hilfe die Unterscheidung, Erkennung und quantitative Bestimmung der radioaktiven Komponenten nebeneinander durch eine einzige Messung möglich wird. Hierfür kommen vor allem die Analyse von Abklingkurven sowie die Aufnahme von Energiespektren der α-, β- bzw. γ-Strahlung in Frage.

Solche Probleme treten auf bei der Analyse (oder der Untersuchung auf Reinheit) von abgetrennten natürlich vorkommenden Radionuklid-Gemischen, bei der Analyse von Kernbrennstoffen auf Abbrand sowie bei der aktivierungsanalytischen Untersuchung der verschiedensten Materialien.

Nur einige der erwähnten Detektortypen sind geeignet, außer der Anzahl der registrierten Teilchen auch deren Energie zu messen. Z. B. liefern die weit verbreiteten GM-Zählrohre auf Grund des S. 41 beschriebenen Mechanismus der Lawinenbildung prinzipiell Impulse von immer gleicher Größe. Sie sind deswegen als Eingang von Spektrometern nicht brauchbar.

Demgegenüber ist in Ionisationskammern (bei Impulsbetrieb), Proportionalzählern, Halbleiterdetektoren und Szintillationsdetektoren wegen des beschriebenen Mechanismus der Energieverluste die G r ö ß e der entstehenden Impulse von der Energie der erzeugenden Teilchen abhängig. Daher sind diese Detektoren zur Unterscheidung der Energien, d. h. als Spektrometer-Eingang brauchbar.

Man muß nur ein Zählgerät nachschalten, das Speicherungsmöglichkeiten für eine große Anzahl von Energiebereichen besitzt (*Vielkanal-Spektrometer*). Das e i n e elektronische Zählwerk eines üblichen Zählgerätes wird also durch sehr viele (bis zu 4096) Magnetspeicherwerke ersetzt, aus denen die Zahl der jeweils während der Meßzeit eingegangenen Impulse des betreffenden Größen- bzw. Energiebereichs wieder abgefragt werden kann. Solche Vielkanal-Spektrometer haben sich als analytisches Hilfsmittel in der Radiochemie und besonders in der Kernphysik hervorragend bewährt.

Etwas weniger aufwendig sind *Einkanal-Spektrometer.* Bei ihnen wird der gesamte Energiebereich nicht gleichzeitig gemessen sondern zeitlich nacheinander mittels eines „Fensterverstärkers" abgefahren. Die in dem jeweils anliegenden schmalen Energieabschnitt einfallenden Impulse werden üblicherweise auf ein Ratemeter gegeben und können mit einem Schreiber registriert werden. Ein Durchlauf der vollen Energieskala erfordert meist mehrere Minuten. Daher sind Messungen des Spektrums eines relativ kurzlebigen Radionuklids prinzipiell mit Fehlern behaftet.

Als α-Spektrometer sind die beschriebenen Geräte ebenfalls geeignet. Schwierigkeiten hat man indessen bei Aufnahme von β-Spektren zu überwinden. Jeder β-Strahler liefert nach S. 18 ein kontinuierliches Spektrum von Null bis zum Maximalwert der betreffenden Zerfalls-Energie. Daher ist die Auswertung komplexer β-Spektren weit schwieriger als bei α- und γ-Spektren. Hinzu kommt, daß Verluste infolge Rückstreuung der β-Teilchen vorwiegend niederer Energie an der Oberfläche des β-Szintillators die Spektren verfälschen.

29. Struktur eines γ-Spektrums

Um die Struktur des von einem NaJ-Detektor erzeugten γ-Spektrums zu verstehen, muß man nochmals die Effekte diskutieren, die bei der Umsetzung der γ-Energie in Impulse mitwirken. Die γ-Quanten können primär entweder Photoeffekt, Comptoneffekt oder Paarbildung auslösen. Indessen können diese Effekte nicht nur im NaJ-Kristall, sondern auch in Festkörpern der näheren Umgebung (Schutzhülle, Abschirmung, etc.) des Kristalls stattfinden. Dabei können von den in der Umgebung stattfindenden Prozessen vornehmlich sekundäre γ-Quanten in den Kristall zurückgestreut werden, während

Primäreffekt im NaJ-Kristall	Verlust nach außen	Impulsgröße (MeV)	Bezeichnung
Photoeffekt	keiner	E_γ	Photopeak
	K-Röntgenquant des Jod	$E_\gamma - 0{,}028$	Escape-Peak
Comptoneffekt	keiner	E_γ	Photopeak
	gestreutes γ	$< E_{e^-}^{max}$	Compton-Kontinuum
Paarbildung	keiner	E_γ	Photopeak
	ein γ Vernichtungsstrahlung	$E_\gamma - 0{,}51$	Paarbildungspeaks
	beide γ Vernichtungsstrahlung	$E_\gamma - 1{,}02$	

Primäreffekt in der Umgebung	In den Kristall gelangt	Impulsgröße (MeV)	Bezeichnung
Comptoneffekt	gestreutes γ'	$E_\gamma - E_{e^-}^{max}$	Rückstreupeak
Paarbildung	ein γ Vernichtungsstrahlung	0,51	Vernichtungsstrahlung
	beide γ Vernichtungsstrahlung	1,02	

Fig. 15. Effekte im NaJ-Detektor

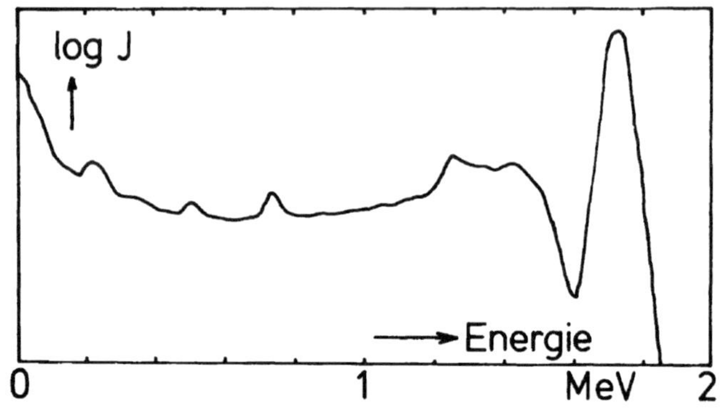

Fig. 16. γ-Spektrum (mittels NaJ-Detektor)

umgekehrt im Kristall erzeugte sekundäre γ-Quanten bevorzugt (gegenüber sekundären Elektronen) in die Umgebung abgestrahlt werden können und damit die Größe des Impulses verringern. Dies alles ist eine Folge des stark verschiedenen Absorptionsverhaltens von β- und γ-Strahlung. In der Fig. 15 sind die strukturbestimmenden Effekte für den Fall der Einstrahlung von γ-Quanten einer einzigen Energie (oberhalb 1 MeV) zusammengestellt. Fig. 16 zeigt ein solches γ-Spektrum. Die Vielfalt der auftretenden Maxima erschwert die Entwirrung des γ-Spektrums eines Gemisches von γ-Strahlern außerordentlich.

30. Energie-Auflösung

Hinzu kommt, daß die mit NaJ-Detektoren erzeugten Spektren nicht scharfe Linien bei den betreffenden Energiewerten aufweisen, sondern aus relativ breiten „Peaks" bestehen, die sich infolgedessen häufig überlappen. Dadurch können kleine, an der Flanke eines hohen Peaks sitzende Peaks fast unkenntlich werden, was die Empfindlichkeit des Nachweises erheblich herabsetzen muß.

Die Breite der Peaks ist eine Folge der Tatsache, daß die zur Entstehung eines registrierbaren Impulses führenden Effekte sämtlich Elementarprozesse in atomaren Dimensionen sind, deren Eintreten nie mit absoluter Sicherheit, sondern nur mit einer gewissen Wahrscheinlichkeit bekannt ist und deren Anzahl im einzelnen relativ klein ist.

Die einen Peak zusammensetzenden Impulse müssen daher in statistischer Verteilung einen ganzen Energiebereich überdecken. Hieraus folgt gleichzeitig, daß die geometrische Kontur eines solchen Peaks durch eine Gauß-Verteilung darstellbar sein muß.

In einem NaJ-Detektor handelt es sich um mehrere solche, der Statistik unterliegende Teileffekte:

1. die Zahl q der pro keV der γ-Energie E erzeugten Lichtquanten,
2. den Bruchteil f des Lichtes, das auf die Photokathode gelangt,
3. die Zahl p der Elektronen, die pro Lichtquant auf der 1. Dynode des Multipliers ankommen.

Auch der Multiplikationsfaktor je Dynode spielt wegen der Randeffekte an den Dynoden eine gewisse Rolle. In 1. Näherung kann man jedoch die Zahl H der an der 1. Dynode ankommenden Elektronen als die Statistik bestimmend ansehen. Aus den obigen Überlegungen folgt damit angenähert

$$H \approx E \cdot q \cdot f \cdot p\,. \tag{24}$$

Für NaJ-Szintillatoren gilt $q \approx 30$; $f = 1$ ist ziemlich nahe erreichbar, und p ist etwa 0,1 zu setzen. Dann folgt beispielsweise für die γ-Strahlung des ^{137}Cs von 663 keV

$$H = 663 \cdot 30 \cdot 0{,}1 = 1989$$

mit einer Standardabweichung $\sigma = \sqrt{H} = 44{,}6$.

Die „Auflösung" R wird durch das Verhältnis der Halbwertbreite b der Verteilung zu H beschrieben und ist definiert durch

$$R = \frac{b}{H} \cdot 100\%. \tag{25}$$

Gemäß den Eigenschaften der Gaußverteilung (vgl. S. 75) folgt

$$b = 2{,}3548 \cdot \sigma \qquad \text{und daher}$$

$$R = \frac{2{,}3548 \cdot 44{,}6}{1989} \cdot 100 = 5{,}27\% \text{ (theoretisch)}$$

In praxi kennt man nicht H, sondern nur die zu H proportionale Größe E in keV. Dann muß b natürlich ebenfalls in keV gemessen werden.

Praktisch erreichbare Werte von R liegen für die ^{137}Cs-Energie etwas höher bei ca. 8–10%, was aus Unvollkommenheiten des Kristalls oder der Lichtführung etc. erklärbar ist.

Aus der Definition der Auflösung R folgt, daß R von der γ-Energie E abhängt, und zwar ist R proportional $E^{-1/2}$.

31. Auflösung bei Ge(Li)-Detektoren

Aus der obigen Diskussion der Auflösung folgt, daß eine um so bessere Auflösung (kleinerer R-Wert) erreicht wird, je größer man die Zahl H der zur Statistik beitragenden Prozesse machen kann. Eine solche Verbesserung ist prinzipiell möglich, wenn man q und p in Gl. (24) größer machen kann. Im NaJ-Kristall ist mit q = 30 der Energieaufwand zur Erzeugung eines Lichtquants etwa 1000/30 = 33 eV. Jedes Zehnte dieser Lichtquanten erzeugt (wegen p = 0,1) ein zum Impuls beitragendes Elektron.

In Ge(Li)-Detektoren liegen die Verhältnisse wesentlich günstiger, da einerseits die Erzeugung eines beweglichen Elektrons (und der dazu gehörigen positiven Lücke) nur 3 eV beansprucht und andererseits der Umweg über den Multiplier wegfällt, d. h. p = 1 gesetzt werden muß.

Während für NaJ-Detektoren $H \approx 3 \cdot E$ gilt, erhält man also bei Ge(Li)-Detektoren $H \approx 333 \cdot E$, d. h. das 100-fache an impulserzeugenden Elementarprozessen: Dadurch verbessert sich die Statistik um den Faktor $\sqrt{100} = 10$.

Für die ^{137}Cs-Linie wird $H = 663 \cdot 333 = 220779$, $\sigma = \sqrt{H} = 469{,}9$ und $b = 2{,}3548 \cdot \sigma = 1106{,}52$, woraus folgt $R = 100 \cdot b/H = 110652/220779 = 0{,}501\%$. Trägt man wie üblich E in keV als Abszisse des Spektrums auf, so ist die keV gemessene Halbwertbreite $b = 1106{,}52/333 = 3{,}32$ keV. Solche Werte werden in der Praxis tatsächlich erreicht. Der Peak ist also nur 1/10 so breit wie bei einem NaJ-Kristall als Detektor. Das bedeutet eine äußerst gute Auflösung und damit die Unterscheidbarkeit und analytische Ausnutzbarkeit von weit mehr Einzelheiten eines mit einem Ge(Li)-Detektor aufgenommenen Spektrums.

Allerdings benötigt man, um keinen dieser schmalen Peaks zu übersehen, eine sehr feine Unterteilung der Energieskala, d. h. ein Vielkanal-Spektrometer mit der höchstmöglichen Kanalzahl von 4096 Kanälen. Ein Nachteil der Ge(Li)-Detektoren ist indessen ihr relativ geringes Ansprechvermögen, sodaß die Empfindlichkeit einer analytischen Bestimmung nicht so hoch ist wie im Fall der Verwendung von NaJ-Kristallen als Detektor.

32. Korrektionen der Impulsraten

Fast immer wird in der Radiochemie nach einem *Relativverfahren* gearbeitet. Dabei vergleicht man die zu untersuchende Probe mit einer Standardprobe bekannten Gehaltes. Grundlage für die Anwendbarkeit eines solchen Verfahrens ist die Voraussetzung, daß die an den jeweiligen Proben gemessenen

Impulsraten wirklich genau proportional den Gewichtsmengen der strahlenden Substanz sind. Um genügend sicher zu gehen, daß diese Bedingung erfüllt ist, muß eine eingehende Untersuchung derjenigen Faktoren vorausgehen, die eine Verfälschung der Zählraten bewirken könnten.

Grundbedingung ist vor allem, daß die *geometrischen Verhältnisse* bei der Zählung aller Proben völlig gleichartig und genau reproduzierbar sind. Das bedeutet unter anderem gleiche Form und Größe der zu vergleichenden Proben, sowie gleiche Relativlage von Probe und Detektor zueinander. Nur so wird sichergestellt, daß von der in alle Richtungen des Raumes ausgesandten Strahlung immer der gleiche Bruchteil gemessen wird.

Für die Messung fester Zählproben erreicht man konstante Geometrie am einfachsten durch Verwendung einer (meist abgeschirmten) Zählkammer, die den Detektor fest eingebaut enthält und zur Aufnahme von Präparaten verschiedene Einschübe besitzt, wie dies in Fig. 17 schematisch dargestellt ist.

Um weitere Fehlerquellen aufdecken und ausschalten zu können, verfolgt man am einfachsten die bei einem Kernzerfall ausgesandte Strahlung auf ihrem Weg bis in das empfindliche Volumen des Detektors.

Verluste können dabei infolge Absorption der Strahlung schon innerhalb der Probe auftreten (*Selbstabsorption*), sowie anschließend auf dem Weg durch die (eventuelle) Abdeckung der Probe, durch die zu durchstrahlende Luft-

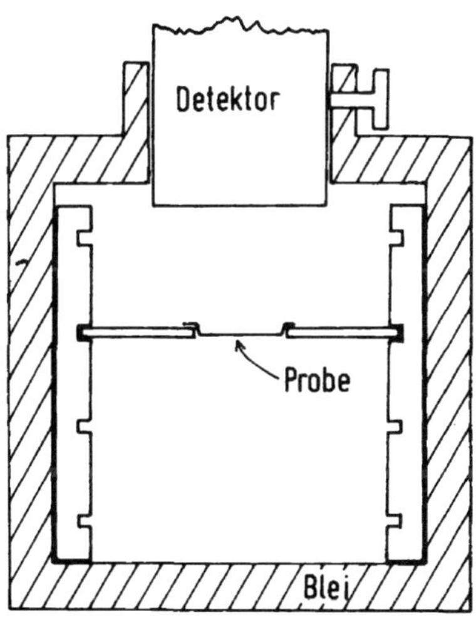

Fig. 17. Schema einer Zählkammer

strecke und schließlich durch die Umhüllung des empfindlichen Detektorvolumens bewirkt werden (*äußere Absorption*).

Weitere Verluste können durch Streueffekte bewirkt werden. Einmal können dadurch Strahlungsquanten nicht in den Detektor gelangen, obwohl sie ursprünglich die richtige Richtung hatten. Diese *Selbststreuung* ist immer merklich bei β-Messung an festen Zählproben. Andererseits gelangen durch solche Selbststreuung auch zusätzlich Teilchen in den Detektor, die auf Grund ihrer anfänglichen Richtung den Detektor nicht getroffen hätten. Besonders störend kann die *Rückstreuung* von der Unterlage einer festen Probe sein (vgl. S. 32).

Ferner dürfen in die Zählrate nur diejenigen Impulse eingehen, die wirklich von der Probe stammen. Die ohne Probe auftretende Zählrate (*Nulleffekt*) muß also immer getrennt gemessen und subtrahiert werden.

Ein Problem ganz anderer Art betrifft die Zeitmessung, die außer der Zählung der Impulse zur Ermittlung der Zählrate erforderlich ist. Jeder Detektor benötigt nämlich zum Abklingen des impulserzeugenden Effektes eine gewisse Zeitspanne (*Totzeit*). Während dieser Totzeit kann der Detektor prinzipiell keine Impulse ausbilden. Daher muß diese Zeit ermittelt und von der insgesamt verstrichenen Meßzeit subtrahiert werden.

33. Nulleffekt

Grundsätzlich liefert jede Meßanordnung auch o h n e Meßprobe eine Nullzählrate R_0, die im wesentlichen auf 2 Ursachen zurückgeht. Einmal fällt in den Detektor laufend Strahlung aus der Umgebung ein, die entweder kosmischen Ursprungs ist oder aus den Baumaterialien der Umgebung stammt. Häufig macht sich der natürliche ^{40}K-Gehalt der Gebäude störend bemerkbar (E_γ = 1,46 MeV).

Eine zweite Ursache für den Nulleffekt liegt in der Zählanordnung selbst. Die hochempfindlichen Verstärker liefern immer ein elektronisch bedingtes Rauschen, das das Zählwerk zum Ansprechen bringen kann. Bei den sehr großen Impulsen der GM-Zählrohre (bis zu 100 Volt) spielt dieser Effekt eine vernachlässigbare Rolle. Jedoch trägt bei Szintillationsdetektoren die thermische Freisetzung von Elektronen im Multiplier ganz erheblich zum Nulleffekt bei, vor allem im Gebiet kleiner Energien.

Dieser Nulleffekt-Anteil läßt sich durch eine Koincidenzschaltung unterdrücken. Man läßt zwei Photomultiplier am gleichen Szintillator arbeiten und schaltet eine elektronische Koincidenzstufe nach, die nur solche Impulse zum Zählwerk durchläßt, die in beiden Multipliern „gleichzeitig" auftreten, d. h. bei einem NaJ-Kristall innerhalb von 0,25 Mikrosekunden. Da die Thermoionisationen in jedem Multiplier regellos verteilt auftreten und daher mit sehr geringer Wahrscheinlichkeit im „gleichen" Zeitpunkt erzeugt werden, gelangen diese Störungsimpulse nicht ins Zählwerk. Jeder Lichtblitz im Szintillator wird demgegenüber von beiden Multipliern gleichzeitig gesehen.

Um den wirklich von der Zählprobe herrührenden Netto-Anteil der Zählrate zu erhalten, muß also in jedem Fall die Nullzählrate (ohne Zählprobe gemessen) von der Brutto-Zählrate subtrahiert werden.

34. Selbstabsorption

Die Messung der Impulsrate R an festen, β-strahlenden Präparaten wird immer dadurch verfälscht, daß ein Teil derjenigen β-Teilchen, die aus tieferen Schichten des Präparates kommen, im Material der Zählprobe stecken bleibt. Diese *Selbstabsorption* ist um so ausgeprägter, je „dicker" (gemessen in mg/cm^2) die Proben sind und je geringer die β-Energie ist.

Zur experimentellen Ausschaltung dieses Fehlers müßte man unendlich dünne Präparate herstellen (Verfahren der *unendlich dünnen Schicht*) oder aber derarte dicke Zählproben benutzen, daß die β-Teilchen der tiefsten Schichten das Präparat überhaupt nicht mehr in Richtung Detektor verlassen können (Verfahren der *unendlich dicken Schicht*).

Das letztere Verfahren bietet dann Vorteile, wenn in einem radiochemischen Relativverfahren (= Vergleich der Probe mit einem Standard bekannten Gehalts) die zu vergleichenden Proben in der gleichen chemischen Form vorliegen. Da nämlich die Absorption der Strahlung nur von der Energie, nicht aber von der Intensität der Strahlung abhängt, stammt die gemessene Impulsrate aus immer den gleichen oberen Schichten des jeweiligen Präparates. Die gemessenen Impulsraten sind daher (ohne Korrektion!) proportional der *spezifischen Aktivität* (ipm/Gramm Substanz) der Präparate.

Bei *Präparaten beliebiger Dicke* läßt sich relativ leicht eine rechnerische Korrektur anbringen, die nur die Kenntnis der β-Energie und der Dicke der Probe erfordert. Die Zählprobe habe die Dicke l mg/cm^2 und bedecke die Fläche F cm^2. Die wahre Impulsrate pro Milligramm Probe, die man in unendlich dünner Schicht messen würde, sei r ipm/mg. Eine in der Tiefe x unter der Oberfläche der Probe liegende Schicht der Dicke dx (vgl. Fig. 18) liefert zur wahren Zählrate R_w den Beitrag

$$dR_w = r \cdot F \cdot dx \quad \text{ipm.}$$

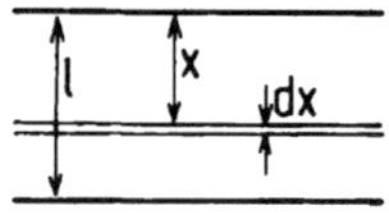

Fig. 18. Zur Selbstabsorptions-Formel

Messen kann man davon aber nur den Anteil

$$dR_m = dR_w \cdot e^{-\mu x} = r \cdot F \cdot e^{-\mu x} \cdot dx$$

der meßbaren Zählrate R_m, weil die zu durchdringende Schichtdicke x nach dem Absorptionsgesetz Verluste bewirkt. Durch Integration über x von 0 bis *l* folgt die insgesamt meßbare Zählrate R_m

$$R_m = \int_0^l r \cdot F \cdot e^{-\mu x} \cdot dx = r \cdot F \cdot \frac{1}{\mu} \cdot (1 - e^{-\mu l}) .$$

Die wahre Zählrate R_w ergibt sich durch Integration aller dR_w zu

$$R_w = \int_0^l dR_w = \int_0^l \cdot r \cdot F \cdot dx = r \cdot F \cdot l,$$

sodaß man in der obigen Gleichung r · F ersetzen kann durch R_w/l. Damit ist

$$R_m = R_w \cdot \frac{1 - e^{\mu l}}{\mu l} = R_w \cdot f_s .$$

Dividiert man also die gemessene Zählrate R_m durch den *Selbstabsorptionsfaktor* f_s, so wird die auf Selbstabsorption korrigierte Zählrate R_w erhalten.

Den Wert von *l* erhält man aus der Division des Probengewichts in mg durch die Fläche F der Probe. Den Wert von μ ermittelt man nach der Formel (15), S. 32 oder aus Fig. 19. Mit μl geht man dann in das Diagramm der Fig. 20, aus welchem der Wert des Selbstabsorptionsfaktors f_s ablesbar ist. Besteht die β-Strahlung aus mehreren β-Energien, so ist jeder Anteil einzeln zu behandeln.

Die Anwendbarkeit dieser Korrektur setzt voraus, daß die Zählprobe völlig homogen ist und im besonderen bei Niederschlägen *keine Risse* im Filterkuchen vorhanden sind. Ferner muß sehr genau darauf geachtet werden, daß die Proben *völlig trocken* sind. Noch anhaftendes Wasser kann ganz wesentlich höhere Absorptionsverluste bedingen.

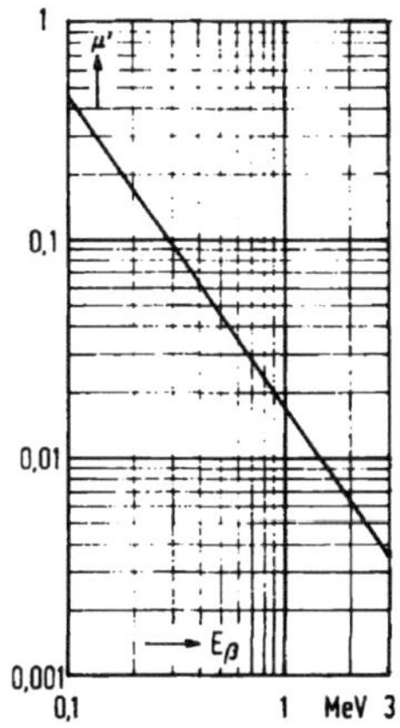

Fig. 19. Massen-Absorptionskoeffizient μ' als Funktion der β-Energie

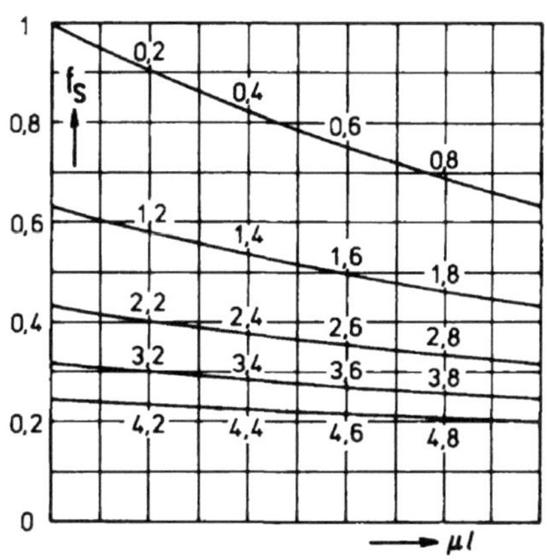

Fig. 20. Selbstabsorptionsfaktor f_s

35. Äußere Absorption

Um eine Zählrate auf äußere Absorption zu korrigieren, zählt man einfach die Flächengewichte der durchstrahlten Materialien zusammen, z. B. Abdeckung der Zählprobe, Luftstrecke, Zählrohrfenster, u. ä. und dividiert die gemessene Impulsrate durch den *Absorptionsfaktor* $f_{abs} = e^{-\mu a}$.

Um das durchstrahlte Flächengewicht a zu finden, benötigt man außer den Weglängen auch die Dichten ρ der betreffenden Materialien. Ein Material der Dichte ρ g/cm^3 besitzt bei einer durchstrahlten Schichtdicke von 1 cm ein Flächengewicht von $1000 \cdot \rho$ mg/cm^2. So ist das Flächengewicht von 1 cm Luft gleich 1,20 mg/cm^2, da Luft unter Normalbedingungen (NTP) die Dichte $1{,}20 \cdot 10^{-3}$ g/cm^3 aufweist.

Einige viel benutzte Dichtewerte enthält die Tabelle 4.

Tabelle 4: Dichte einiger Materialien

Material	Dichte in g/cm^2
Aluminium	2,70
Eisen	7,86
Blei	11,34
Quarz	2,65
Plexiglas	1,18
Luft (NTP)	$1{,}20 \cdot 10^{-3}$

36. Totzeit eines Detektors

Die impulserzeugenden Prozesse benötigen zu ihrem Ablauf eine gewisse Zeitspanne. Während dieser Zeit kann der Detektor keine weiteren, vom ersten Impuls unterscheidbaren Impulse erzeugen.

Im GM-Zählrohr ist dies beispielsweise die Zeit der Bildung der Lawine und des Verschwindens der positiven Raumladung in der Nähe des Zähldrahtes. Im NaJ-Detektor ist es die Zeit der Entstehung des Lichtblitzes aus den vielen Sekundärprozessen im Kristall sowie anschließend die Laufzeit der Elektronen im Multiplier.

Figur 21 zeigt die Gestalt solcher Impulse für den Fall eines GM-Zählrohres. Als Impulsdauer definiert man meist die Anstiegszeit des Impulses plus derjenigen Zeitspanne, innerhalb welcher der Impuls auf den e-ten Teil (1/2,71828 . .) abgeklungen ist.

Nach Bildung der Lawine wird die Umgebung des Anodendrahtes am schnellsten wieder frei von positiven Raumladungen, weswegen dort am frühesten neue, allerdings kleinere Lawinen und damit kleinere Impulse gebildet werden können. Damit diese kleineren Impulse registriert werden, müssen sie erst

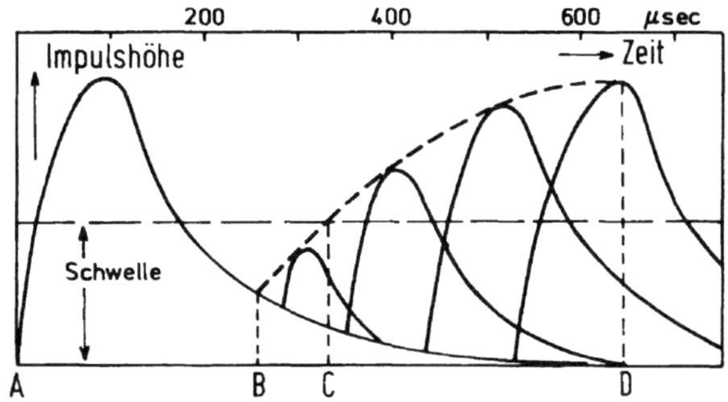

Fig. 21. Totzeit bei GM-Zählrohren (AB Totzeit, AC Auflösungszeit, BC Erholungszeit)

einmal größer werden als die einregulierte Ansprechschwelle des nachgeschalteten Verstärkers. Mit der vollen Empfindlichkeit des Verstärkers würde ein untragbar hoher Nulleffekt registriert. Als „Totzeit" bezeichnet man meist den Punkt C der Figur, an welchem Impulse wieder registriert werden können. Experimentell mißt man die Totzeit am sichersten mit einem Oszillographen.

Die Totzeit-Korrektur berechnet sich nach folgender Überlegung: Hat man eine Zählrate R_{exp} ipm gemessen, so wurden in 1 Minute R_{exp} Impulse registriert. Während dieser Minute war der Detektor R_{exp}-mal je τ Minuten lang blockiert. Die wahre Meßzeit (= life-time), während welcher Impulse registriert werden konnten, ist daher um $\tau \cdot R_{exp}$ Minuten geringer gewesen als 1 Minute, also gleich $1 - \tau \cdot R_{exp}$ Minuten. Die auf Totzeit korrigierte wahre Zählrate R_w ist daher

$$R_w = \frac{R_{exp}}{1 - \tau \cdot R_{exp}} .$$

Gewöhnlich fertigt man eine Tabelle, welche die zur gemessenen Zählrate (Brutto!) zu addierende Korrektur enthält. Für jede Totzeit benötigt man natürlich eine eigene Korrekturtabelle.

Die größten Totzeiten von mehreren hundert Mikrosekunden haben infolge des Mechanismus der Impulsentstehung die GM-Zählrohre. Da der Wert der Totzeit von den Betriebsbedingungen abhängt, findet man oft in dem nachgeschalteten Zählgerät eine einstellbare elektronische Totzeitstufe, an welcher man eine etwas längere Totzeit einstellen wird, als das Zählrohr sie besitzt. Das Arbeitsprinzip dieser Stufen beruht meist auf einer Herabsetzung der Hochspannung nach jedem eingelaufenen Impuls.

Die Totzeit-Korrektur soll nicht mehr als 10% betragen. Andernfalls wird die Korrektur zweifelhaft, da bei höheren Zählraten auch andere Mechanismen (z. B. Koincidenzen von Impulsen) Beiträge zur Totzeit liefern. Man erreicht das brauchbare Gebiet am einfachsten, indem man die Zählproben in größerer Entfernung vom Zählrohr montiert. Dadurch wie die Zählrate entsprechend herabgesetzt.

In Szintillationsdetektoren sind die Totzeiten wesentlich geringer. Ein NaJ-Kristall liefert Impulse von nur 0,25 Mikrosekunden Dauer. Er ist daher mit viel höheren Zählraten belastbar. In γ-Spektrometern wird auf elektronischem Wege automatisch die „life-time" als Meßzeit angezeigt.

IV. Statistik und Fehlerrechnung

37. Standardabweichung

Für die Beurteilung der Genauigkeit irgendwelcher, unter gleichen Bedingungen gefundener Meßwerte gelten ganz allgemein folgende, von *Gauss* stammende Überlegungen:

Macht man n Messungen, welche die Meßwerte J_k (mit k = 1, 2, 3, . . ., n) ergeben haben, so ist der wahrscheinlichste Wert des Resultates das arithmetische Mittel

$$H = \frac{1}{n} \cdot (J_1 + J_2 + J_3 + \ldots + J_n) \qquad (26)$$

Der Fehler $v_k = J_k - H$ einer Einzelmessung J_k fällt für jeden Meßwert verschieden groß aus, und man sollte meinen, daß ein Durschnittswert

$\bar{v} = \frac{1}{n} \cdot (|v_1| + |v_2| + \ldots + |v_n|)$ als Genauigkeitsmaß für eine Einzelmessung brauchbar wäre. *Gauss* hat indessen erstmals nachgewiesen, daß mit der Bedingung $\bar{v}$ = Minimum nicht das arithmetische Mittel als wahrscheinlichster Wert erhalten wird. Dies ergibt sich aber zwangsläufig, wenn man voraussetzt, daß die Summe der Fehlerquadrate ein Minimum werden soll.

Schreibt man nämlich die Summe der Quadrate der Abweichungen unserer Meßwerte J_k von einem beliebig angenommenen Wert X auf:

$$(J_1 - X)^2 + (J_2 - X)^2 + (J_3 - X)^2 + \ldots + (J_n - X)^2,$$

so ist dieser Ausdruck eine Funktion des für X angenommenen Zahlenwertes. Setzt man nun die 1. Ableitung dieses Ausdrucks nach X gleich Null, so folgt als Bedingung für Extremwerte

$$2(J_1 - X)(-1) + 2(J_2 - X)(-1) + \ldots + 2(J_n - X)(-1) = 0$$

oder

$$X = \frac{1}{n} \cdot (J_1 + J_2 + \ldots + J_n) .$$

Also ist derjenige Wert von X, für den die Summe aller Abweichungsquadrate ein Minimum wird, das arithmetische Mittel H aus den Meßwerten J_k.

Daher wird als Genauigkeitsmaß für eine E i n z e l messung der obigen Meßreihe der Ausdruck benutzt

$$\sigma = \sqrt{\frac{\Sigma(J_k - H)^2}{n - 1}}$$

Die so definierte ***Standardabweichung*** σ ist also gleich der Wurzel aus dem Mittelwert aller verfügbaren Fehlerquadrate.

Im Nenner steht n - 1 an Stelle des zu erwartenden n, weil der Mittelwert H nicht exakt mit dem eigentlich zu verwendenden, aber prinzipiell unbekannten „wahren" Wert des Meßergebnisses übereinstimmt. Ein etwas vergrößertes σ wird dieser Tatsache besser gerecht, und ferner wird die Formel mit n - 1 nun auch für kleine n richtig. Denn erst bei Vorliegen von z w e i Meßwerten ergibt sich ein sinnvolles σ. Liegt nur ein Meßwert vor (n = 1), so ist kein σ berechenbar [$\sigma = 0/0$]. Würde im Nenner n stehen, so könnte man mit n = 1 den Wert $\sigma = 0$ berechnen, was sicher falsch ist!

38. Binomialverteilung von Meßwerten

Wenn eine Zählapparatur (z.B. mit 4π-Geometrie) a l l e Zerfälle eines l a n g - l e b i g e n Präparates wie etwa U_3O_8 registriert, so sollte während einer Meßzeit t_m die aus dem Zerfallsgesetz folgende Anzahl

$$H = N_o - N = N_o \cdot (1 - e^{-\lambda t}) \tag{28}$$

an Impulsen gespeichert werden. N_o bedeutet die Gesamtzahl der anfangs im Präparat vorhandenen zerfallsfähigen Atome, N ist diejenige Atomzahl, die nach Ablauf der Meßzeit t noch vorhanden ist.

Bei Wiederholung der Messung sollte immer wieder dieser Wert H gefunden werden. Tatsächlich beobachtet man aber eine merkliche Streuung der Resultate. Der Grund hierfür liegt darin, daß die einzelnen Zerfälle völlig u n a b - h ä n g i g voneinander eintreten. Z e i t l i c h folgen die Zerfälle daher völlig regellos aufeinander und sind nicht etwa in gleichen Abständen auf die Meßzeit verteilt. Diese Beobachtung hat seinerzeit zur Erkenntnis des Zufallscharakters der radioaktiven Erscheinungen geführt.

Zu einem Ausdruck für die Streuung der Meßwerte führen folgende Betrachtungen, bei denen die Kernzerfälle mit einem Würfelbeispiel in Parallele gesetzt werden:

Die zu Beginn der Meßzeit vorhandenen N_o Atome gehören am Ende der Meßzeit t zu zwei Gruppen: es gibt solche, die zerfallen sind, und solche, die unverändert geblieben sind. Dem kann ein Würfelbeispiel gegenübergestellt werden, bei welchem jeder von N_o Würfeln (irgendwann während der Meßzeit oder aber alle gleichzeitig) einmal geworfen wird und nun im Ergebnis das Auftreten von beispielsweise „Fünfen" untersucht wird. Auch hier gibt es dann zwei Gruppen von Würfeln, nämlich solche, die eine Fünf zeigen, und solche, die eine „Nichtfünf" aufweisen. Das Problem bei der Impulsmessung läßt sich daher vergleichen mit der Wahrscheinlichkeit, in einer Serie von N_o Würfen eine ganz bestimmte Anzahl J von Fünfen zu finden.

Als Wahrscheinlichkeit wird dabei ganz allgemein das Verhältnis $p = \frac{\text{günstige Fälle}}{\text{mögliche Fälle}}$ definiert. Bei Benutzung normaler, sechsseitiger Würfel *erwartet* man, daß 1/6 der Würfe eine Fünf zeigt, weil nur eine der sechs möglichen Seiten eine Fünf ergibt. (Man erkennt sofort, daß dieser Wert 1/6 durch Veränderung der Seitenzahl der Würfel oder abweichende Beschriftung der Seiten variiert werden kann!)

Bei der Zerfallsmessung haben N_o Atome die Möglichkeit zu zerfallen. Nach dem Zerfallsgesetz zerfällt aber nur die in Gl. (28) gegebene Anzahl H. Der „Erwartungswert" der Wahrscheinlichkeit ist also

$$p = \frac{\text{günstige Fälle}}{\text{mögliche Fälle}} = \frac{H}{N_o} \qquad (= 1 - e^{-\lambda t})$$

Wenn 1200 ($\triangleq N_o$) Würfel gegeben sind, so erwarten wir, 200 ($\triangleq$ H) Fünfen zu finden. Nehmen wir einmal an, daß eine Serie tatsächlich nur 186 ($\triangleq$ J) Fünfen ergeben hat. Dann lautet unsere Fragestellung bezüglich der Streuung der Wurf- (oder Meß-)resultate: Mit welcher Wahrscheinlichkeit kann man mit diesem (oder einem beliebigen, anderen) Ergebnis rechnen? In einer Serie müssen dann J = 186 Fünfen und N_o - J = 1014 Nichtfünfen gleichzeitig vorhanden sein.

Die Wahrscheinlichkeit dafür, daß der erste Würfel eine Fünf ergibt, ist p = 1/6; diejenige, daß der zweite auch eine Fünf zeigt, folgt zu $\frac{1}{6} \cdot \frac{1}{6} = \frac{1}{36} = p^2$, entsprechend der Tatsache, daß zu jeder der sechs Positionen des ersten Würfels *jede* der sechs Positionen des zweiten Würfels gehört, und daß unter diesen $6 \cdot 6 = 36$ Positionen nur e i n e günstige ist. Sollen also 186 Fünfen auftreten, so ist ganz analog die Wahrscheinlichkeit dafür gleich p^{186}. Entsprechend ist das Auftreten von 1014 Nichtfünfen durch die Wahrscheinlichkeit $(\frac{5}{6})^{1014} = (1 - p)^{1014}$ gegeben. Die Gesamtwahrscheinlichkeit, e i n e Serie mit 186 Fünfen und 1014 Nichtfünfen zu werfen, ist dann durch das Produkt beider Wahrscheinlichkeiten gegeben:

$$(\frac{1}{6})^{186} \cdot (\frac{5}{6})^{1014} \triangleq p^J \cdot (1 - p)^{N_0 - J}$$

Um das Ergebnis J = 186 zu erhalten, ist nun aber die R e i h e n f o l g e der Würfel ohne Belang. Denn immer ergibt sich als Wahrscheinlichkeit der Serie ein Produkt aus 186 Faktoren des Wertes p und 1014 Faktoren des Wertes (1 - p). Jede denkbare Reihenfolge liefert das gleiche J. Die Wahrscheinlichkeit des Auftretens von J ist also um denjenigen Faktor *größer*, der angibt, wieviel Anordnungen der J = 186 Fünfen und $N_0 - J = 1014$ Nichtfünfen überhaupt möglich sind.

N verschiedene Dinge lassen sich auf $N! = 1.2.3 \ldots (N - 1) \cdot N$ Arten anordnen. Für das erste stehen nämlich alle N Plätze zur Verfügung, für das zweite nach Fixierung des ersten noch (N - 1) Plätze. Z w e i Dinge lassen sich also auf N(N - 1) Arten an N Plätzen unterbringen. Das dritte läßt sich mit j e d e r dieser N(N - 1) Anordnungen auf N - 2 Weisen kombinieren, usw.

Wenn nun ferner eine Anzahl J dieser N Dinge für uns nicht unterscheidbar ist (alle Fünfen sind uns gleichwertig!), so schrumpft die Zahl N! der unterscheidbaren Anordnungen auf denjenigen Bruchteil zusammen, der durch die Anordnungsmöglichkeiten der J gleichartigen Dinge angegeben wird. Zu j e d e r Serie gibt es nämlich J! weitere Serien, bei denen die Fünfen an den gleichen Stellen in der Reihe von 1200 verfügbaren Plätze liegen. Nur sind die Fünfer-Würfel untereinander vertauscht. Da diese Serien nicht für uns unterscheidbar sind, muß durch J! dividiert werden. – Sind auch die restlichen N - J Dinge nicht unterscheidbar (alle Nichtfünfen sind uns gleichwertig!), so ist analog auch noch durch (N - J)! zu dividieren, und die Anzahl der u n t e r s c h e i d b a r e n Reihenfolgen von J und N - J jeweils gleichartigen Dingen ist gegeben zu

$$\frac{N!}{J! \cdot (N - J)!}$$

Damit wird schließlich die Wahrscheinlichkeit P(J) für das Auftreten einer Serie mit J Fünfen und N - J Nichtfünfen

$$P(J) = \frac{N!}{J! \cdot (N - J)!} \cdot p^J \cdot (1 - p)^{N - J} \quad .$$

Die Übertragung dieses Ergebnisses auf Messungen des radioaktiven Zerfalls liefert unter Benutzung des Wertes von $p = H/N_o$ aus Gl. (29) die sogenannte Binominalverteilung

$$P(J) = \frac{N_o!}{J!\,(N_o - J)!} \cdot \left(\frac{H}{N_o}\right)^J \cdot \left(1 - \frac{H}{N_o}\right)^{N_o - J}$$

die von *Newton* erstmals abgeleitet wurde.

39. POISSON-Verteilung

Die Binominalverteilung gilt exakt ohne Einschränkung der Werte von H bzw. N_o. Sie ist aber rechnerisch schwer zu handhaben, da besonders für große N_o die „Fakultät"-Ausdrücke Schwierigkeiten machen.

Von *Poisson* stammt eine für sehr große N_o gültige Näherung, die man aus der Binominalverteilung durch Grenzübergang $N_o \to \infty$ erhält. Man faßt dazu in (30) zunächst alle Glieder ohne N_o zusammen, die ja beim Grenzübergang unverändert bleiben:

$$P(J) = \frac{H^J}{J!} \cdot \frac{N_o!}{(N_o - J)!\,N_o{}^J} \cdot \left[1 - \frac{H}{N_o}\right]^{N_o - J} \tag{31}$$

Die letzte Klammer in (31) läßt sich auch schreiben

$$\left(1 - \frac{H}{N_o}\right)^{N_o} \cdot \left(1 - \frac{H}{N_o}\right)^{-J} .$$

Beim Grenzübergang liefert der erste Term e^{-H}, da als Definitionsgleichung der Zahl e gilt

$$\lim_{n \to \infty} \left(1 + \frac{x}{n}\right)^n = e^x$$

Der zweite Term geht gegen den Wert 1.

Der zweite Bruch in (31) geht ebenfalls gegen 1. Bei Einsetzen eines Beispiels $J = 5$, $N_o = 1000$ folgt nämlich

$$\frac{1000!}{995! \cdot 1000^5} = \frac{996 \cdot 997 \cdot 998 \cdot 999 \cdot 1000}{1000 \cdot 1000 \cdot 1000 \cdot 1000 \cdot 1000} .$$

Je größer N_o wird, um so näher liegt dieser Wert an Eins, und das gilt für beliebiges J. Also folgt schließlich als Ausdruck für *Poisson*-Verteilung

$$\lim P(J) = \frac{H^J}{J!} \cdot e^{-H} \;(\textit{Poisson}) \tag{32}$$

Die Gültigkeitsgrenzen der *Poisson*verteilung ergeben sich aus den bei der Ableitung gemachten Voraussetzungen. J kann als Ergebnis einer Impulszählung nur ganzzahlig sein. Nach Gl. (28) würde für $N_0 \to \infty$ auch folgen $H \to \infty$. Das ist jedoch physikalisch sinnlos, da es Präparate mit unendlich vielen Atomen nicht gibt. – Brauchbar ist also nur die Aussage, daß die *Poisson*-Formel für sehr große N_0 eine gute Näherung darstellt. Wie gut diese Näherung ist, zeigt Figur 22, in welcher bei Annahme von H = 5 Zahlenwerte von P(J) für N_0 zwischen 6 und 100 dargestellt sind, die aus der exakt gültigen Binomialverteilung (30) berechnet wurden. Man erkennt, daß bereits für N_0 = 100 Atome fast kein Unterschied mehr gegenüber den nach Gl. (32) für das gleiche H = 5 berechneten Punkten vorhanden sind.

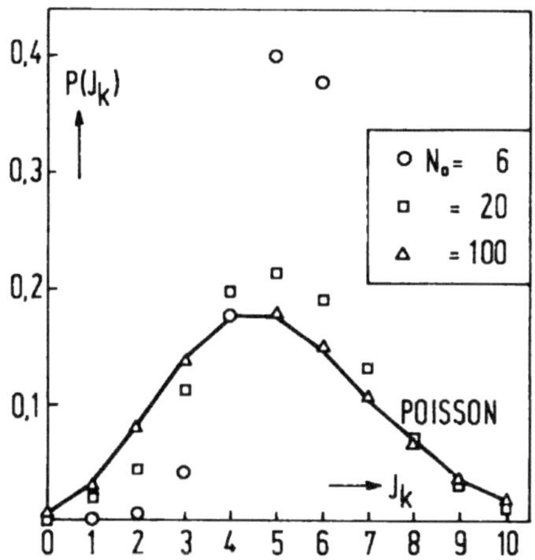

Fig. 22. Vergleich von Binomialverteilung und Poisson-Verteilung

40. GAUSS-Verteilung

Im Vergleich zur Binomialverteilung läßt sich die *Poisson*-Formel schon wesentlich einfacher rechnerisch handhaben. Beiden Ausdrücken ist indessen gemeinsam, daß sie nur für ganzzahlige Meßwerte definiert sind. Um nun auch nicht-ganzzahlige Werte zulassen zu können, muß noch der letzte „Fakultät"-Ausdruck J! aus der Formel entfernt werden. Dies gelingt mit Hilfe der *Stirling*schen Näherungsformel

$$x! \approx \sqrt{2\pi x} \cdot x^x \cdot e^{-x} ,$$

die für sehr große x gültig ist. Damit geht die *Poisson*-Formel über in

$$P(J) = \frac{H^J \cdot e^{-H}}{\sqrt{2\pi J} \cdot J^J \cdot e^{-J}} .$$

Da weiter unten die abzuleitende Formel auf Meßwerte J in der Umgebung des Mittelwertes H beschränkt wird, benutzen wir im folgenden nicht mehr J sondern die Abweichung v des Meßwertes J vom Mittelwert H als Variable. Es wird also J = H + v ersetzt:

$$P(v) = \frac{H^{H+v}\, e^{-H}}{\sqrt{2\pi(H+v)} \cdot (H+v)^{H+v} \cdot e^{-(H+v)}}$$

oder

$$P(v) = \frac{1}{\sqrt{2\pi(H+v)}} \cdot \frac{1}{(1+\frac{v}{H})^{H+v}} \cdot \frac{1}{e^{-v}} \qquad (33)$$

Falls nun $v \ll H$ ist, was für Meßwerte J in der Nähe des Mittelwertes H zutrifft, gilt die Reihenentwicklung

$$\ln[(1+\frac{v}{H})^{H+v}] = (H+v) \cdot (\frac{v}{H} - \frac{1}{2} \cdot \frac{v^2}{H^2} + \frac{1}{3} \cdot \frac{v^3}{H^3} - + \ldots),$$

ausmultipliziert

$$= v + \frac{v^2}{2H} - \frac{v^3}{6H^2} + - \ldots .$$

Durch Entlogarithmieren folgt

$$(1+\frac{v}{H})^{H+v} = e^v \cdot e^{v^2/2H} \cdot e^{-v^3/6H^2} \ldots .$$

Falls man dies in (33) einsetzt, Glieder mit v^3 und höheren Potenzen von v gleich 1 setzt und weiterhin noch im Nenner v gegen H vernachlässigt, resultiert die von *Gauss* angegebene Formel

$$P(v) = \frac{1}{\sqrt{2\pi} \cdot \sqrt{H}} \cdot e^{-v^2/2H} \quad (\textit{Gauss}) \qquad (34)$$

Sie gibt die Wahrscheinlichkeit P an, mit der ein vom Mittelwert H um den Betrag v abweichendes Meßergebnis gefunden wird. Diese Gleichung ist nun auch für nichtganzzahlige Werte von v brauchbar. Die *Gauss*verteilung gilt

1. nur für großes N_0, da die anfangs benutzte *Poisson*-Formel dies verlangt,
2. nur für großes J, da die *Stirling*sche Formel benutzt wurde,
3. nur für Meßwerte J in der Nähe des Mittelwertes H.

41. Theoretischer Wert der Standardabweichung

Die Definitionsgleichung (27) für die Standardabweichung berücksichtigt eine meist nur relativ kleine Anzahl n von experimentellen Meßwerten. Bei Zerfallsmessungen sind nun sämtliche überhaupt möglichen Meßwerte bekannt;

und zwar sind das alle g a n z e n Zahlen von Null bis zu N_o, der vorgegebenen Gesamtzahl zerfallsf ä h i g e r Atome. Auch die Wahrscheinlichkeit des Auftretens jedes Meßwertes J_k kann aus den Verteilungsfunktionen (30), (32) oder (34) als bekannt angesehen werden. Daher läßt sich bei Zerfallsmessungen ein theoretisch zu erwartender Wert von σ (σ_B, σ_P bzw. σ_G je nach der benutzten Verteilung) ausrechnen.

Wegen der exakten Berücksichtigung a l l e r Meßwerte entfällt in der Gleichung (27) der Grund für die Einführung von n - 1 im Nenner, daher ist $\sigma^2 = \frac{1}{n} \cdot \Sigma (J_k - H)^2$ der Mittelwert aus allen verfügbaren Fehlerquadraten. Nun läßt sich aber ein Mittelwert, z.B. $H = \frac{1}{n} \cdot \Sigma J_k$, auffassen als Summe der Produkte aus Wahrscheinlichkeit und Meßwert

$$H = \frac{1}{n} J_1 + \frac{1}{n} J_2 + \frac{1}{n} J_3 + \ldots + \frac{1}{n} J_n ,$$

denn 1/n ist nichts anderes als die Wahrscheinlichkeit des Auftretens eines beliebigen Meßwertes in der Meßreihe. Allgemein muß daher ein Mittelwert gegeben sein zu

$$H = \Sigma J_k \cdot P(J_k). \tag{35}$$

Für σ^2, das ja einen Mittelwert darstellt, muß daher analog gelten

$$\sigma^2 = \frac{1}{n} \cdot \Sigma (J_k - H)^2 = \Sigma (J_k - H)^2 \cdot P(J_k) = \Sigma v_k^2 \cdot P(J_k) . \tag{36}$$

Umformung ergibt

$$\sigma^2 = \Sigma \{ J_k^2 \cdot P(J_k) - 2 H J_k \cdot P(J_k) + H^2 \cdot P(J_k) \}$$

$$= \underbrace{\Sigma J_k^2 \cdot P(J_k)}_{\equiv \overline{J^2}} - 2 H \cdot \underbrace{\Sigma J_k \cdot P(J_k)}_{= H} + H^2 \cdot \underbrace{\Sigma P(J_k)}_{= 1}$$

Mit der Bezeichnung $\overline{J^2}$ für den Mittelwert aus den quadrierten Meßwerten folgt also schließlich

$$\sigma^2 = \overline{J^2} - H^2 \tag{37}$$

als Ausdruck für σ^2, in den die Verteilungsfunktionen $P(J_k)$ eingebaut sind.

42. Standardabweichung σ_B für die Binomialverteilung

Die für J = 0, 1, 2, . . . , N_o jeweils sich ergebenden Ausdrücke der Binomialverteilung (30) stellen nichts anderes dar als die Glieder des „Binoms" $(p + q)^{N_o}$, wobei abkürzend benutzt wurde $p = H/N_o$ und $q = 1 - p$. Es gilt also

$$(p + q)^{N_o} = \sum_{o}^{N_o} \frac{N_o!}{J_k!\,(N_o - J_k)!} \cdot p^{J_k} \cdot q^{N_o - J_k} = \Sigma\, P(J_k) = 1$$

Ersatz von p durch px liefert

$$(px + q)^{N_o} = \Sigma \frac{N_o!}{J_k!\,(N_o - J_k)!} \cdot p^{J_k} \cdot x^{J_k} \cdot q^{N_o - J_k}\,.$$

Differentiation nach x ergibt

$$N_o(px + q)^{N_o - 1} \cdot p = \Sigma \frac{N_o!}{J_k!\,(N_o - J_k)!} p^{J_k} \cdot J_k \cdot x^{J_k - 1} q^{N_o - J_k}$$

Nochmalige Differentiation nach x liefert

$$N_o(N_o - 1)\,(px + q)^{N_o - 2} \cdot p^2 = \Sigma \frac{N_o!}{J_k!\,(N_o - J_k)!} \cdot p^{J_k} \cdot J_k(J_k - 1) \cdot x^{J_k - 2} \cdot q^{N_o - J_k}.$$

Setzt man hierin x = 1, so folgt

$$N_o(N_o - 1) \cdot p^2 = \Sigma\, J_k{}^2 \cdot P(J_k) - \Sigma\, J_k \cdot P(J_k) = \overline{J^2} - H.$$

Damit ist die Größe $\overline{J^2}$ durch bekannte Größen ausgedrückt und man findet durch Einsetzen in (37)

$$\sigma_B{}^2 = \overline{J^2} - H^2 = H(1 - \frac{H}{N_o})\,.$$

Anwendung von (28) erlaubt noch N_o zu eliminieren, und es resultiert

$$\sigma_B = \sqrt{H \cdot e^{-\lambda t}}\,.$$

Dies exakt gültige Ergebnis läßt sich für die meisten praktischen Anwendungen vereinfachen, nämlich dann, wenn relativ langlebige Radionuklide zu messen sind, bei denen dann meist die Meßzeit t klein ist gegenüber der Halbwert-Zeit $t_{\frac{1}{2}}$ (= 0,693/λ). Man kann dann setzen $e^{-\lambda t} \approx 1$ und es wird näherungsweise

$$\sigma_B \approx \sqrt{H}.$$

Ferner ist für eine Fehlerabschätzung die Annahme gerechtfertigt, daß der Mittelwert H ohne groben Fehler durch den Wert einer Einzelmessung J ersetzt werden darf. So erhält man die praktisch fast ausschließlich benutzte Näherungsformel

$$\sigma_B \approx \sqrt{J},$$

die die Grundlage aller Fehlerabschätzungen bei Zerfallsmessungen bildet. Sie zeigt, daß schon aus e i n e m einzigen Meßwert der statistisch bedingte Fehler angegeben werden kann. Das ist deswegen von Bedeutung, weil in der Mehrzahl der Fälle andere Fehler dem statistischen Fehler gegenüber zu vernachlässigen sind.

43. Standardabweichung σ_P für die POISSON-Verteilung

Auch beim Vorliegen der *Poisson*-Verteilung erhält man $\sigma_P = \sqrt{H}$ für die Standardabweichung. Es wird bei der Ableitung hier immer bis $k = \infty$ summiert, da die $P(J_k)$ auch für $k > N_o$ definiert sind und ferner der dadurch auftretende Fehler wegen des Gültigkeitsbereiches der *Poisson*verteilung (N_o sehr groß!) unbedeutend ist. Dies wird sofort ersichtlich, wenn man einmal die Mittelwert-Definition Gl. (35) mit Summierung bis ∞ auswertet. Einsetzen der Funktion (32) in (35) ergibt nämlich

$$\Sigma J_k \cdot P(J_k) = e^{-H} \cdot \sum_0^\infty J_k \frac{H^{J_k}}{J_k!} = H \cdot e^{-H} \cdot \sum_1^\infty \frac{H^{J_k-1}}{(J_k-1)!}$$

Da das 1. Glied ($J_k = 0$) wegen der Definition $0! \equiv 1$ verschwindet, wird im letzten Term der Gleichung erst bei $J_k = 1$, also $J_k - 1 = 0$ mit der Summierung begonnen. (Es sei erinnert, daß die J_k die Reihe der ganzen Zahlen durchlaufen!). Nun ist aber definiert $\sum_0^\infty x^n/n! = e^x$, so daß die Identität folgt

$$\Sigma J_k \cdot P(J_k) = e^{-H} \cdot H \cdot e^{+H} = H \text{ (wie in (35)).}$$

Zur Ermittlung von $\overline{J^2}$ untersucht man zweckmäßig die Differenz $\overline{J^2} - H$, die sich wie folgt umformen läßt

$$\overline{J^2} - H = \sum_0^\infty J_k^2 \cdot P(J_k) - \sum_0^\infty J_k \cdot P(J_k) = \sum_0^\infty J_k(J_k - 1) \cdot P(J_k)$$

$$= \sum_0^\infty J_k(J_k - 1) \cdot e^{-H} \cdot \frac{H \cdot H \cdot H^{J_k-2}}{J_k(J_k-1) \cdot (J_k-2)!} =$$

$$= e^{-H} \cdot H^2 \cdot \sum_2^\infty \frac{H^{J_k-2}}{(J_k-2)!} = e^{-H} \cdot H^2 \cdot e^{+H} = H^2 .$$

Daher ist nun $\overline{J^2} - H = H^2$ und also

$$\sigma_P^2 = \overline{J^2} - H^2 = H + H^2 - H^2 = H$$

Das ist die gleiche Näherungsformel wie im Fall der Binomialverteilung.

44. Standardabweichung σ_G für die GAUSS-Verteilung

Die *Gauss*verteilung (34) ist keine Treppenkurse, sondern eine stetige Funktion. Daher können sich die möglichen Meßwerte J_k auch um w e n i g e r als eine ganze Einheit unterscheiden. An die Stelle der Summierung in der σ-Definition (36) muß also eine Integration über alle v_k in unendlich kleinen Schritten dv_k treten. Die Werte von v_k ($\equiv J_k - H$) können variieren zwischen $v_k = -H$ [entsprechend $J_k = 0$] und $v_k = N_o - H$ [entsprechend $J_k = N_o$]. Da nun die *Gauss*verteilung nur für sehr großes N_o und sehr großes H gültig ist, kann man ohne merklichen Fehler als Integrationsbereich alle v_k-Werte von $-\infty$ bis $+\infty$ verwenden. Dabei geht also die Voraussetzung ein, daß außerdem auch die D i f f e r e n z $N_o - H$ noch eine große Zahl ist (!). In dieser Näherung gilt

$$\sigma_G^2 = \int_{-\infty}^{+\infty} v_k^2 \cdot P(v_k) \cdot dv_k \ .$$

Ersetzt man $P(v_k)$ durch die *Gauss*verteilung (34), so wird

$$\sigma_G^2 = \int_{-\infty}^{+\infty} v_k^2 \cdot \frac{1}{\sqrt{2\pi}} \cdot \frac{1}{\sqrt{H}} \cdot e^{-v_k^2/2H} \cdot dv_k \ .$$

Die Substitution $v_k^2/2H \equiv z^2$, wobei $dv_k = \sqrt{2H} \cdot dz$ wird, ergibt

$$\sigma_G^2 = \frac{2H}{\sqrt{\pi}} \int_{-\infty}^{+\infty} z^2 \cdot e^{-z^2} \cdot dz \ .$$

Nach Integraltafeln ist das letztere Integral aber gleich $\sqrt{\pi}/2$ und damit folgt wie im Fall der *Poisson*verteilung $\sigma_G^2 = H$.

45. Eigenschaften der GAUSS-Verteilung

Mit der eben abgeleiteten Beziehung $\sigma_G^2 = H$ läßt sich an Stelle von (34) auch schreiben

$$P(v_k) = \frac{1}{\sigma\sqrt{2\pi}} \cdot e^{-v_k^2/2\sigma^2} \tag{38}$$

Für praktische Anwendungen interessiert häufig die Angabe, wieviel Prozent der Meßwerte b e i G ü l t i g k e i t d e r Z u f a l l s g e s e t z e eine bestimmte Abweichung v_k vom Mittelwert H unter- (oder über-)schreiten dürfen. Solche Aussagen werden durch Integration von (38) zwischen den geforderten Grenzen $-v_k$ und $+v_k$ erhalten:

$$\int_{-v_k}^{+v_k} P(v_k)dv_k = \int_{-v_k}^{+v_k} \frac{1}{\sigma\sqrt{2\pi}} \cdot e^{-v_k^2/2\sigma^2} \cdot dv_k \,. \tag{39}$$

Noch allgemeiner verwendbar wird Gl. (39), wenn man v_k in Einheiten von σ ausdrückt, wenn man also schreibt $v_k/\sigma = x$. Da dann $dv_k = \sigma \cdot dx$ ist, fällt σ im Integranden völlig heraus und bleibt nur in den Grenzen des Integrals stehen. Dann gilt

$$\int_{-v_k}^{+v_k} P(v_k)dv_k = \frac{1}{\sqrt{2\pi}} \int_{-x\sigma}^{+x\sigma} e^{-x^2/2} \cdot dx = \frac{2}{\sqrt{2\pi}} \int_{o}^{x\sigma} e^{-x^2/2}dx \,. \tag{40}$$

Das letzte Integral folgt aus der Tatsache, daß der Integrand nur x^2 enthält und daher symmetrisch in x ist.

Für die Wahrscheinlichkeit P eines bestimmten Meßwertes, der die Abweichung $x \cdot \sigma$ vom Mittelwert H besitzt, erhält man aus (38)

$$P(x \cdot \sigma) = \frac{1}{\sigma\sqrt{2\pi}} \cdot e^{-x^2/2} \,. \tag{41}$$

Das *Gaußsche Fehlerintegral* (40) ist nicht in geschlossener Form integrierbar und daher nur in Tabellenform zugänglich. Der Vorteil der Form (40) ist einleuchtend, da man nur eine einzige Tabelle benötigt, um den Betrag des Integrals für alle möglichen Fehlerwerte ablesen zu können, wenn man sie nur in Einheiten von σ ($=\sqrt{H}$) ausdrückt. Ist z.B. gefragt, wieviel Prozent der Meßwerte eine Abweichung zwischen $v_k = 0$ und $v_k = \sigma$ besitzen, so entspricht dies den Grenzen $x = 0$ und $x = 1$. Ist nun eine Tabelle des Fehlerintegrals

$$\frac{1}{\sqrt{2\pi}} \int_{o}^{x} e^{-x^2/2}dx \tag{42}$$

gegeben, so liest man bei x = 1 den Wert 0,3413 ab. Es liegen also 2 · 0,3413 = 0,6826, dh. 68,26% der Meßwerte innerhalb $-\sigma$ und $+\sigma$ um den Mittelwert H verstreut, falls (!) nur die Zufallsgesetze für diese Streuung verantwortlich sind.

In den Tabellen des Fehlerintegrals ist meist auch noch der 1. (2. und 3.) Differentialquotient des Ausdrucks (42) angegeben. Man muß dabei beachten, daß dieser 1. Differentialquotient nicht mit dem Wert $P(x \cdot \sigma)$ der Wahrscheinlichkeit des Meßwertes übereinstimmt. Tabelliert ist nämlich

$$\frac{d}{dx}\left[\frac{1}{\sqrt{2\pi}} \int_{o}^{x} e^{-x^2/2}dx\right] = \frac{1}{\sqrt{2\pi}} \cdot e^{-x^2/2} \,,$$

während $P(x \cdot \sigma)$ durch Gl. (41) gegeben ist. Man muß also den Tabellenwert des 1. Differentialquotienten *noch durch σ dividieren,* um $P(x \cdot \sigma)$ zu erhalten!

Eine andere, häufig benutzte Form der Tabellierung des Fehlerintegrals entsteht, wenn man in Gl. (40) als neue Variable $x^2/2 = u^2$ einführt. Dann ist zu ersetzen $dx = \sqrt{2} \cdot du$ und man findet

$$2 \int_0^{x\sigma} \frac{1}{\sqrt{2\pi}} \cdot e^{-x^2/2} dx = \frac{2}{\sqrt{\pi}} \int_0^{\sqrt{2}u\sigma} e^{-u^2} du \, . \tag{43}$$

Tabelliert ist meist

$$\frac{2}{\sqrt{\pi}} \int_0^u e^{-u^2} \, . \tag{44}$$

Wegen der Identität

$$v_k = x \cdot \sigma = \sqrt{2} \cdot \sigma \cdot u \tag{45}$$

kann man sagen, v_k ist bei dieser Tabellierung in Einheiten von $\sigma \cdot \sqrt{2}$ auszudrücken. Dann erhält man den Eingangswert **u** für die Tabelle.

Ist z.B. der Mittelwert H einer Meßreihe von Impulszahlen H = 900, so folgt $\sigma = \sqrt{H} = 30$. Soll nun aus der Fehlerintegral-Tabelle ermittelt werden, wieviel Meßwerte um weniger als 10% von H = 900 abweichen dürfen, so ergibt sich zunächst $v_k = \pm 90$. Daraus folgt mit $\sigma = 30$ ein $x = 90/30 = \pm 3$ bzw. ein $u = 90/\sqrt{2} \cdot \sigma = 3/\sqrt{2} = 2{,}1213$. Man liest also bei u = 2,1213 bzw. x = 3 als Integralwert 0,9973 ab. Da das Integral der u-Tabelle den Faktor $2/\sqrt{\pi}$ enthält, ist dies schon der auf *beiden* Seiten von u = 0 liegende Flächenanteil. Es müssen also 99,73% der Werte der Meßreihe in dem Bereich 810 bis 990 liegen, falls allein die Zufallsgesetze für deren Streuung verantwortlich sind.

In den Tabellen des Fehlerintegrals (44) ist meist auch der 1. Differentialquotient angegeben

$$\frac{d}{du} \left[\frac{2}{\sqrt{\pi}} \int_0^u e^{-u^2} du \right] = \frac{2}{\sqrt{\pi}} \cdot e^{-u^2} \, .$$

Das ist wiederum *nicht* die Wahrscheinlichkeit $P(u\sigma\sqrt{2})$, denn diese ist gegeben durch

$$P(u \cdot \sigma \cdot \sqrt{2}) = \frac{1}{\sigma\sqrt{2\pi}} e^{-u^2} \, . \tag{46}$$

Man muß also die Tabellenwerte dieses 1. Differentialquotienten durch $\sigma \cdot 2 \cdot \sqrt{2}$ dividieren, um P zu erhalten.

Der Vollständigkeit halber sei noch erwähnt, daß die Werte des Integrals (44) sich relativ einfach aus der unendlichen Reihe

$$\frac{2}{\sqrt{\pi}} \int_0^u e^{-\alpha^2} d\alpha = \frac{2}{\sqrt{\pi}} \cdot \left(u - \frac{u^3}{1!3} + \frac{u^5}{2!5} - \frac{u^7}{3!7} + - \ldots \right)$$

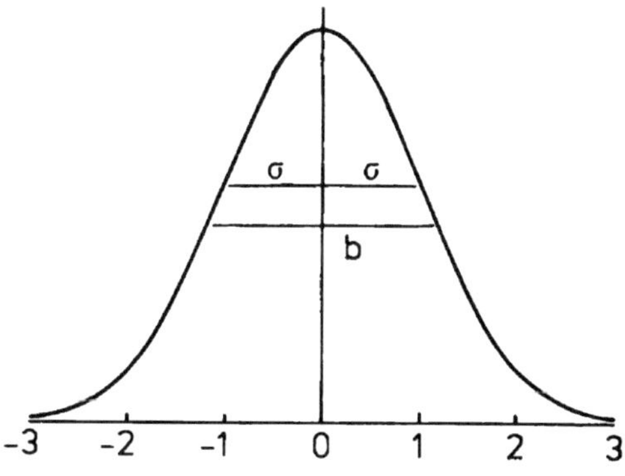

Fig. 23. Gaußsche Fehlerkurve mit Halbwertbreite b und Standardabweichung σ.

berechnen lassen. Das (n + 1)-te Glied g_{n+1} erhält man aus dem n-ten Glied nach der Formel

$$g_{n+1} = g_n \cdot \frac{1}{n} \cdot \frac{2n-1}{2n+1} \cdot u^2 .$$

Die Gaußsche Fehlerkurve (38) ist eine zu $v_k = 0$ symmetrische Glockenkurve (Fig. 23). Durch zweimalige Differentiation nach v_k und Nullsetzen erhält man als Abszissenwerte der beiden *Wendepunkte* $v_k = \pm\,\sigma$, oder wegen (45) auch $x = \pm\, 1$ bzw. $u = \pm\, 1/\sqrt{2}$. Die Ordinate im Wendepunkt ist

$$P_w = \frac{1}{\sigma\sqrt{2\pi}} \cdot \frac{1}{\sqrt{e}} .$$

Das ist der $\sqrt{e}$-te Teil der Maximal-Ordinate.

Die zur Kennzeichnung der Kurvenform häufig benutzte *Halbwertbreite* b ist dadurch definiert, daß die Ordinate an dieser Stelle die Hälfte des Maximalwertes besitzt. Dort gilt also

$$\frac{1}{2} \cdot \frac{1}{\sigma\sqrt{2\pi}} = \frac{1}{\sigma\sqrt{2\pi}} \cdot e^{-(v_k^2/2\sigma^2)} \quad \text{oder}$$

$$v_k = \pm\sigma \cdot \sqrt{2} \cdot \sqrt{\ln 2} = \pm 1{,}17741 \cdot \sigma .$$

Die durch b gegebene volle Breite der Fehlerkurve ist doppelt so groß, also

$$b = 2 \cdot \sqrt{2} \cdot \sqrt{\ln 2} \cdot \sigma = 2{,}3548 \cdot \sigma . \tag{47}$$

Der Flächenanteil unter der Kurve, der durch die Halbwertbreite begrenzt wird, beträgt 76,0994% der Gesamtfläche.

Die *Fläche* unter der Kurve (38), die bei Integration von (39) oder (40) oder (43) über alle Werte der jeweiligen Variablen von $-\infty$ bis $+\infty$ erhalten wird, ist gleich Eins. Für (43) folgt dies z.B., weil der aus Integraltafeln zu entnehmende Wert $\int_0^\infty e^{-u^2} du = \sqrt{\pi}/2$ ist. Will man mit der Gaußschen Fehlerkurve eine Fläche mit dem Inhalt F beschreiben, so muß man also die P-Integrale und damit auch die Kurvengleichungen (38), (41) bzw. (46) mit F multiplizieren. Dann gilt also

$$y \equiv F \cdot P(v_k) = F \cdot \frac{1}{\sigma\sqrt{2\pi}} \cdot e^{-(v_k^2/2\sigma^2)} .$$

Der Maximalwert der Ordinate y ist dann

$$y_{max} = \frac{F}{\sigma\sqrt{2\pi}} .$$

Führt man aus (47) statt σ noch die Halbwertbreite b ein, so folgt

$$y_{max} = \frac{F}{b} \cdot \frac{2 \cdot \sqrt{\ln 2}}{\sqrt{\pi}} \quad \text{und analog} \tag{48}$$

$$y = \frac{F}{b} \cdot \frac{2 \cdot \sqrt{\ln 2}}{\sqrt{\pi}} \cdot e^{-(4 \cdot \ln 2) \cdot v_k^2/b^2} . \tag{49}$$

Man beachte, daß wegen der zu fordernden Dimensionslosigkeit des Exponenten die Größen v_k(= Abszisse) und b in gleichen Einheiten angegeben werden müssen.

Die Beziehung (48) läßt sich benutzen, um aus experimentellen Messungen von b und y_{max} die Fläche F zu bestimmen. Es gilt

$$F = b \cdot y_{max} \cdot 1{,}06447 . \tag{50}$$

Die Gleichung (49) erlaubt bei Kenntnis von b und y_{max} die Kurve zu zeichnen, die alle Meßwerte berühren muß, wenn letztere einer Gaußverteilung gehorchen.

Soll umgekehrt zu einer Reihe von Meßwerten nach der Methode der kleinsten Quadrate die beste Gaußkurve gefunden werden, so wendet man Gleichung (49) am zweckmäßigsten in logarithmierter Form an

$$\log y = \log y_{max} - \frac{4 \cdot \ln 2}{b^2} \cdot v_k^2 ,$$

aus der man erkennt, daß log y als Funktion von v_k eine rein quadratische Parabel mit senkrechter Achse sein muß. Man beachte jedoch, daß durch den Übergang von y zu log y die Gewichte w der Meßwerte verändert werden!!

Das Gewicht eines Meßpunktes ist umgekehrt proportional dem Quadrat des Meßfehlers dieses Meßwertes anzusetzen. Besitzt ein Meßwert y den Meßfehler σ_y, so gilt für den Meßfehler von log y das Gaußsche Fehlerfortpflanzungsgesetz

$$\sigma_{\log y}^2 = \left(\frac{\partial \log y}{\partial y}\right)^2 \cdot \sigma_y^2$$

Damit führt dann die Ausgleichsrechnung nach der obigen Formel zu richtigen Resultaten.

46. Fehlerrechnung

Für die Streuung der Meßwerte gilt bei Radioaktivitätsmessungen der Grundsatz:

Die d i r e k t gespeicherte Impulsz a h l J unterliegt den Gesetzen der Wahrscheinlichkeit. Daher gilt

$$\text{Standardabweichung } \sigma_J = \sqrt{J}\,.$$

Der Fehler beliebig *zusammengesetzter* Resultate, wie sie durch Umrechnung aus experimentellen Impulszahlen erhalten werden, wird ganz allgemein durch das Gaußsche *Fehlerfortpflanzungsgesetz* bestimmt:

Ist der Resultatwert y durch eine Funktion $y = f(x_1, x_2, \ldots)$ mit den direkt gemessenen Größen $x_1, x_2, \ldots$ verknüpft, und betragen die Fehler dieser Größen jeweils $\sigma_{x1}, \sigma_{x2}, \ldots$ so gilt für den Fehler von y:

$$\sigma_y^2 = \left(\frac{\partial f}{\partial x_1}\right)^2 \cdot \sigma_{x1}^2 + \left(\frac{\partial f}{\partial x_2}\right)^2 \cdot \sigma_{x2}^2 + \ldots \qquad (51)$$

Beispiele

1. Fehler eines *Mittelwertes:* Ist ein Mittelwert H nach Gl. (26) aus Einzelmessungen J_k gebildet worden, und hat jede Einzelmessung den (gleichen!) durch Gl. (27) gegebenen Fehler σ_{Jk}, so ist nach (51) berechenbar

$$\sigma_H^2 = \frac{\Sigma(J_k - H)^2}{n \cdot (n-1)}$$

D.h., das Fehlerq u a d r a t des Mittelwertes H ist um den Faktor 1/n kleiner als dasjenige der Einzelmessung.

2. Fehler einer *Zählrate* R = J/t: Falls t als exakt richtig angesehen wird, gilt

$$\sigma_R = \frac{1}{t} \cdot \sigma_J = \frac{1}{t} \cdot \sqrt{J} = \frac{1}{t} \cdot \sqrt{R \cdot t} = \frac{\sqrt{R}}{\sqrt{t}}$$

D. h., der Fehler einer Zählrate R wird um so geringer, je länger die Meßzeit t ist.

3. Fehler einer *Netto-Zählrate* $R_n = R_b - R_o$ aus Bruttozählrate $R_b = J_b/t_b$ und Nulleffektrate $R_o = J_o/t_o$: Aus (51) berechnet man

$$\sigma_{Rn}^2 = \sigma_{Rb}^2 + \sigma_{Ro}^2$$

D.h., die Quadrate der a b s o l u t e n Fehler addieren sich. Dies gilt allgemein für alle Summen und Differenzen!

4. Fehler eines *Produktes* R_1R_2 *zweier Zählraten* $R_1 = J_1/t_1$ und $R_2 = J_2/t_2$: Nach (51) berechnet man

$$\frac{\sigma_{12}^2}{(R_1R_2)^2} = \left(\frac{\sigma_{R1}}{R_1}\right)^2 + \left(\frac{\sigma_{R2}}{R_2}\right)^2$$

D.h., die Quadrate der r e l a t i v e n Fehler addieren sich. Das gleiche gilt für Quotienten!

5. Günstigste *Verteilung einer vorgegebenen Meßzeit* t auf Messung von Brutto-Zählrate R_b und Nulleffekt R_o:

Es sei die Netto-Zählrate $R_n = R_b - R_o = (J_b/t_b) - (J_o/t_o)$, und die Summe $t = t_b + t_o$ sei konstant vorgegeben.

Gesucht ist der günstigste Wert von $x = t_b/t = 1 - (t_o/t)$, der den Fehler von R_n zu einem Minimum macht.

Es ist

$$\sigma_{R_n}{}^2 = \sigma_{R_b}{}^2 + \sigma_{R_o}{}^2 = \frac{J_b}{t_b^2} + \frac{J_o}{t_o^2} = \frac{R_b}{x \cdot t} + \frac{R_o}{(1-x) \cdot t} \tag{52}$$

Das Minimum von $\sigma_{R_n}{}^2$ wird gefunden durch Differentiation nach x und Nullsetzen:

$$\frac{\partial}{\partial x}(\sigma_{R_n}{}^2) = \frac{R_b}{tx^2} + \frac{R_o \cdot t}{(1-x)^2t^2} = 0$$

Daraus folgt durch Umrechnen

$$\frac{t_b}{t_o} = \sqrt{\frac{R_b}{R_o}}\,. \tag{53}$$

Das Verhältnis der zu wählenden Meßzeiten hängt also allein vom Verhältnis der Zählraten ab.

Mit diesem Ergebnis läßt sich auch die Frage beantworten, welche Meßzeit t nötig ist, damit ein vorgegebener Relativ-Fehler $f = \sigma_n/R_n$ der Netto-Zählrate R_n nicht überschritten wird. Dies Problem spielt eine Rolle, wenn man in einer

Detektoranordnung mit bekanntem, konstanten Nulleffekt R_o die Zählraten verschieden starker Präparate mit immer der gleichen Genauigkeit messen will.

Das Experiment liefert eine Brutto-Impulszahl J_b und eine Nulleffekt-Impulszahl J_o. Die Meßzeiten t_b bzw. t_o sollen in der günstigsten Weise nach Gl. (53) gewählt sein. Bezeichnet man noch $v = R_b/R_o$ so setzt sich die Netto-Zählrate zusammen aus

$$R_n = R_b - R_o = R_o \cdot (v - 1) .$$

Ferner ist nach (52) der Relativ-Fehler f gegeben durch

$$f^2 \equiv \frac{\sigma_{Rn}^2}{R_n^2} = \frac{1}{R_n^2} \cdot \left[\frac{R_b}{t_b} + \frac{R_o}{t_o}\right] \tag{54}$$

Nach den Definitionen gilt $R_b = v \cdot R_o$ und $t_b = t - t_o$. Also folgt wegen (53)

$$t_o = \frac{t}{1 + \sqrt{v}} \text{ und } t_b = t \cdot \frac{\sqrt{v}}{1 + \sqrt{v}} ,$$

und aus (54) schließlich für die Gesamtmeßzeit t

$$t = \frac{(1 + \sqrt{v})^2}{(v - 1)^2} \cdot \frac{1}{R_o \cdot f^2}$$

In der Praxis geht man meist so vor, daß der Nulleffekt R_o zu Anfang und Ende einer Meßreihe mit möglichst hoher Genauigkeit gemessen wird. Dann ist die Genauigkeit aller R_n allein durch σ_{R_b} bestimmt, da σ_{R_o} demgegenüber vernachlässigbar ist. Gleiche Genauigkeit aller R_n wird bei diesem Verfahren dann dadurch erzielt, daß man nicht die Meßzeit vorwählt, sondern die Zeit mißt, in der die immer gleiche *vorgewählte Impulszahl* (z.B. J = 10 000) registriert wird. Hier kann dann die Ungenauigkeit der Zeitmessung entscheidend werden, nämlich bei sehr hoher Zählrate, also sehr kurzer Meßzeit t_b. Bisher wurde in allen Ableitungen und Beispielen immer nur ein Fehler der Impulszahl J in Rechnung gestellt!

47. Andere Fehlerdefinitionen

Außer der Möglichkeit, direkt den Wert der Standardabweichung σ als Fehlerangabe für eine Einzelmessung zu verwenden, sind noch eine Reihe anderer Größen gebräuchlich, die in der folgenden Tabelle zusammengestellt sind. Sie unterscheiden sich durch die „Vertrauensgrenze", die die Fehlerangabe darstellt.

Tabelle 5: Definition von Fehlerangaben

Falls k · σ als Fehler angegeben wird, liegen A% der Meßwerte J in dem als „Fehler" deklarierten Bereich J ± kσ.

k	A%	Bezeichnung
0,500	38,30	–
0,674	50,00	PE: Probable Error
0,797	57,50	AE: Average Error
1,000	68,26	SD: Standard Deviation
1,645	90,00	NTE: Ninetenth Error
1,960	95,00	95/100 Error
2,000	95,46	–
3,000	99,74	–
4,000	99,99	–

V. Rohstoffe der Radiochemie

48. Ausgangsstoffe für radiochemische Untersuchungen

Als Material für radiochemische Untersuchungen standen bis 1934 nur die natürlich vorkommenden Radionuklide zur Verfügung. Diese finden sich vorwiegend unter den schweren Elementen und zwar in den drei *Zerfallsreihen,* welche Radioisotope der Elemente mit Kernladungszahlen Z = 81 bis 92 enthalten. Einige weitere findet man auch unter den Isotopen der leichteren Elemente.

Seit der Entdeckung der Kernspaltung durch *Hahn* und *Straßmann* 1939 und ihrer technischen Ausnutzung zur Energieerzeugung mit Hilfe von Kernreaktoren gibt es noch zwei weitere Produktionsmöglichkeiten für Radionuklide. Die eine besteht in der Aufarbeitung der „ausgebrannten" *Brennstoffelemente,* die riesige Mengen an radioaktiven Stoffen enthalten und eigentlich technischen Abfall darstellen. Die andere Möglichkeit ist die Ausnutzung des in den Kernreaktoren vorhandenen hohen Neutronenflusses zur präparativen Darstellung von Radioisotopen durch *Bestrahlung inaktiver Proben.*

49. Natürliche Zerfallsreihen

Diese Zerfallsreihen enthalten alle im Gebiet der schweren Atomkerne existierenden, natürlich vorkommenden Radioisotope. Die Anfangsglieder der drei natürlichen Zerfallsreihen sind drei schwere Atomkerne, die die längsten Halbwertzeiten aufweisen, nämlich

$$^{238}U \quad t_{1/2} = 4{,}51 \text{ Gy}$$

$$^{235}U \quad t_{1/2} = 0{,}707 \text{ Gy}$$

$$^{232}Th \quad t_{1/2} = 13{,}9 \text{ Gy} .$$

Die Halbwertzeiten sind derart lang, daß diese Kerne seit ihrer urzeitlichen Entstehung noch immer nicht sämtlich aufgebraucht sind.

Nachdem man mittels Kernreaktionen auch Transurane (mit $Z > 92$) herstellen kann, hat sich gezeigt, daß noch eine 4. Zerfallsreihe existiert. Deren Anfangsglied ^{237}Np hat aber eine so „geringe" Halbwertzeit ($t_{1/2} = 2{,}14$ My), daß alle Atomkerne des ^{237}Np seit ihrer urzeitlichen Entstehung bereits bis auf einen nicht mehr nachweisbaren Bruchteil schon zerfallen sind.

In den Diagrammen der Figuren 24a, b, c sind die Hauptwege des Zerfalls durch starke Pfeile hervorgehoben. Senkrechte Pfeile bedeuten α-Zerfall, die übrigen sind β-Zerfälle.

Mit der laufend verfeinerten Strahlungsmeßtechnik werden immer weitere Verzweigungen aufgedeckt. Beispielsweise kennt man die Verzweigung der Actinium-Reihe über ^{219}At erst seit 1953. Bemerkenswert ist, daß die Elemente 85 (At) und 87 (Fr) als Glieder der Zerfallsreihen seit Urzeiten ebenso auf der Erde vorkommen, wie die übrigen Elemente mit $Z > 83$, die sämtlich kein einziges stabiles Isotop besitzen. Das als AcK auftretende Francium-Isotop (entdeckt 1939) ist gleichzeitig dasjenige mit der längsten Halbwertzeit. Vom Astat hat man künstlich Isotope mit noch längerer Halbwertzeit herstellen können (^{210}At; $t_{1/2} = 8{,}3$ h).

Die Isolierung der einzelnen Radioaktivitäten mit chemischen Methoden zwecks Aufklärung des genetischen Zusammenhangs der einzelnen Glieder der Zerfallsreihen war **das** Problem, an dem die radiochemischen Methoden in den ersten Jahrzehnten des 20. Jahrhunderts entwickelt wurden. Die Hauptschwierigkeit boten dabei die winzigen Substanzmengen, in denen die einzelnen Glieder im Strahlungsgleichgewicht nebeneinander vorhanden sind.

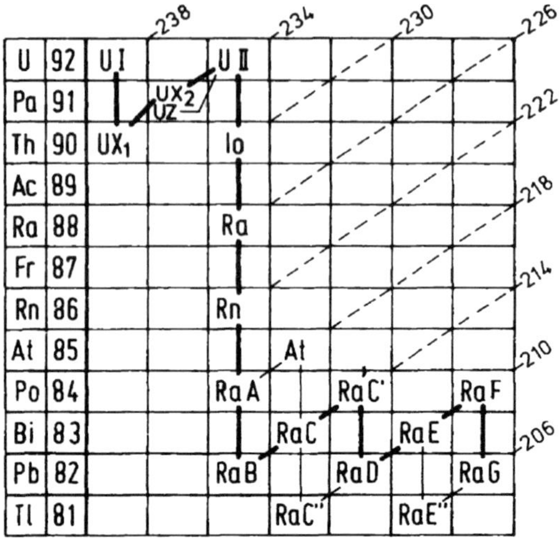

Figur 24a: Uran-Zerfallsreihe. – UI(4,51 Gy), UX1(24,1 d), UX2(1,18 m), UZ(6,75 h), UII(247 ky), Io(75 ky), Ra(1600 y), Rn(3,824 d), RaA(3,05 m), RaB(26,8 m), At(∼2 s), RaC(19,8 m), RaC'(1,32 m), RaD(22 y), RaE(5,0 d), RaE"(4,3 m), RaF(138,4 d), RaG(stabil).

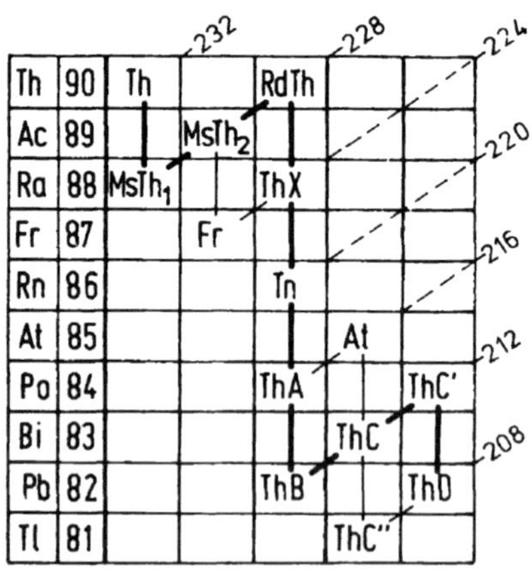

Figur 24b: Thorium-Zerfallsreihe. – Th(13,9 Gy), MsTh1(5,75 y), MsTh2(6,13 h), RdTh(1,913 y), Fr(<2 m), ThY(3,64 d), Tn(55,6 s), ThA(0,15 s), ThB(10,6 h), At-216 (0,3 ms), ThC(60,6 m), ThC' (0,3 µs), ThC"(3,1 m), ThD(stabil).

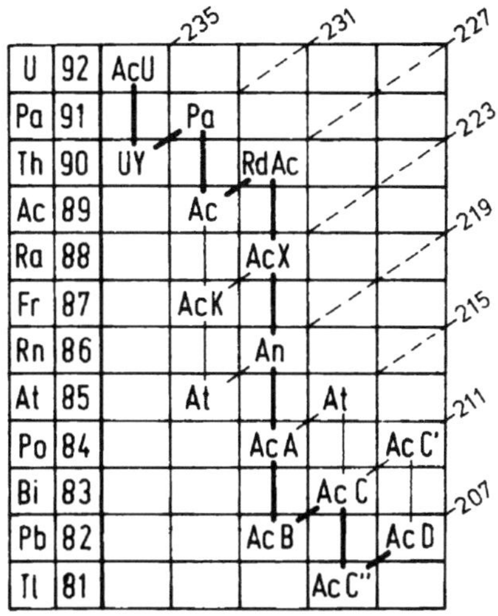

Figur 24c: Actinium-Zerfallsreihe. – AcU(707 My), UY(25,6 h), Pa(32,5 ky), Ac(21,8 y), RdAc(18,72 d), AcK(21,8 m), AcX(11,43 d), An(3,96 s), AcA(1,78 ms), At(~0,1 ms), AcB(36,1 m), AcC(2,15 m), AcC'(0,52 s), AcC''(4,8 m), AcD(stabil).

Ferner gab es als Detektoren für die Strahlung fast ausschließlich selbstgefertigte Ionisationskammern.

Eine wichtige Handhabe zur Abtrennung der Komponenten voneinander bietet das Vorkommen eines g a s f ö r m i g e n Zerfallsproduktes in jeder Zerfallsreihe, nämlich je eines Isotops des Edelgases Radon (Z = 86). Dies ist ohne künstliche Trennoperationen leicht isolierbar und bildet seinerseits dann wieder f e s t e Zerfallsprodukte. Damit war eine einfache Unterteilung in zwei Gruppen erreicht.

Um die übrigen Glieder voneinander zu trennen, mußten eigene Methoden erst entwickelt werden, da über die Chemie dieser Elemente wegen des Fehlens stabiler Isotope nur wenig bekannt war. Diese Pionierarbeit wurde im wesentlichen von *Fajans, Soddy, Paneth, O. Hahn* und *Hevesy* geleistet.

Auch bei den l e i c h t e r e n Elementen gibt es noch einige natürlich vorkommende Isotope, die instabil und daher radioaktiv sind. Die folgende Tabelle 6 enthält diese Radionuklide. Sie sind nach der Halbwertzeit geordnet. Je länger nämlich die Halbwertzeit ist, um so schwieriger wird der Nachweis der Aktivität. Bei sehr geringer Isotopenhäufigkeit müssen überdies noch Anreicherungsverfahren angewendet werden. Mit dem Fortschritt der Meßtechnik wird man sicherlich noch weitere Isotope als instabil erkennen.

Tabelle 6: Natürliche Radioisotope außerhalb der Zerfallsreihen

	$t_{1/2}$		$t_{1/2}$
^{40}K	$1{,}3 \cdot 10^9 y$	^{148}Sm	$1{,}2 \cdot 10^{13} y$
^{176}Lu	$3{,}6 \cdot 10^{10} y$	^{152}Gd	$1{,}1 \cdot 10^{14} y$
^{87}Rb	$4{,}7 \cdot 10^{10} y$	^{115}In	$6 \cdot 10^{14} y$
^{187}Re	$7 \cdot 10^{10} y$	^{190}Pt	$\approx 10^{15} y$
^{147}Sm	$1{,}06 \cdot 10^{11} y$	^{142}Ce	$5 \cdot 10^{15} y$
^{138}La	$1{,}1 \cdot 10^{11} y$	^{144}Nd	$\approx 5 \cdot 10^{15} y$

50. Produkte der Kernspaltung

^{235}U ist der einzige in der Natur vorkommende Atomkern, der unter der Einwirkung langsamer Neutronen eine Kernspaltung (= fission) erleidet.

Die übrigen schweren Kerne ^{232}Th, ^{231}Pa, ^{238}U erfordern zur Spaltung noch eine Energiezufuhr (von etwa 6 MeV), benötigen also schnelle Neutronen zur Spaltung.

Im Gegensatz zu sonstigen Kernreaktionen, bei denen das Reaktionsprodukt ein Elementarteilchen oder doch höchstens ein α-Teilchen ist, teilt sich bei der Kernspaltung der reagierende Atomkern in *zwei etwa gleiche Bruchstücke.* Dadurch entstehen beispielsweise aus ^{235}U mit der Ordnungszahl 92 ein Barium-Kern (Z = 56) und ein Krypton-Kern (Z = 36). Bei solchen kleineren Kernladungszahlen ist nun aber die Zahl der für einen stabilen Kern nötigen Neutronen viel geringer als bei der Ordnungszahl 92 des Urans. Stabile Ba-Isotope haben höchstens 82 Neutronen im Kern, bei Kr-Isotopen sind es höchstens 50. Im ^{235}U sind aber 143 Neutronen vorhanden, von denen nur 82 + 50 = 132 untergebracht werden können. Daher sind die Bruchstücke der Kernspaltung instabil bei hohem Neutronenüberschuß. Für die Beseitigung dieses Überschusses sorgen einerseits β^--Zerfälle, aber es können einzelne Neutronen auch als solche die hochangeregten Bruchstück-Kerne verlassen. Im Fall des ^{235}U sind es im Mittel 2,4 Neutronen pro Spaltprozeß.

Damit die infolge dieser Neutronenmultiplikation einsetzende Kettenreaktion nicht in eine Explosion ausartet, muß die verfügbare Neutronenzahl durch Einbau von neutronenabsorbierenden Materialien (Bor oder Cadmium) regelbar herabgesetzt werden (Prinzip des Kernreaktors), oder aber man muß dafür sorgen, daß die überzähligen Neutronen nicht zu oft auf weitere spaltbare Kerne auftreffen können (Aufbewahrung in „verdünnter" Form).

Die entstehenden Radionuklide zerfallen weiter durch β^--Zerfall, wobei sich ihre Masse bekanntlich nur unwesentlich ändert. Meßbar ist wegen dieser dauernden β-Zerfälle nur die Spaltausbeute an Nukliden gleicher Massenzahl. Eine solche Zerfallskette ist zum Beispiel für die Massenzahl M = 140

$$\text{Xe (16 s)} \rightarrow \text{Cs (66 s)} \rightarrow \text{Ba (12,8 d)} \rightarrow \text{La (40,2 h)} \rightarrow \text{Ce}$$

In Figur 25 ist die prozentuale Spaltausbeute an den einzelnen Kernmassen für Spaltung von ^{235}U mit langsamen Neutronen wiedergegeben. Das tiefe Minimum bei etwa M = 115 bedeutet, daß das Auftreten genau gleich schwerer Spaltprodukte sehr viel unwahrscheinlicher ist als die unsymmetrische Spaltung des Urankerns.

Die durch Spaltung entstehenden Radionuklide sind dauernd dem hohen Neutronenfluß des Reaktors ausgesetzt, erleiden also laufend (n, γ)-Reaktionen, die auch die inaktiven Endglieder der einzelnen Zerfallsketten unter Änderung der Massenzahl weiter aktivieren.

Das Auswechseln der Kernbrennstoff-Elemente ist aus zwei Gründen notwendig. Einmal kann die Konzentration des ^{235}U durch Abbrand soweit ge-

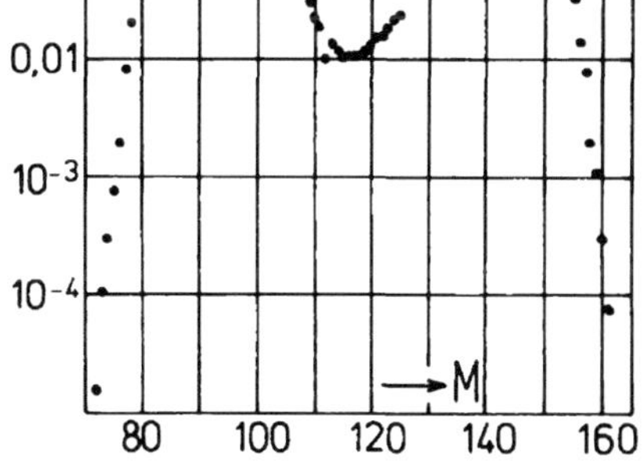

Fig. 25. Spaltausbeuten für ^{235}U mit thermischen Neutronen

sunken sein, daß eine neue Anreicherung, d.h. Abtrennung der anderen Nuklide notwendig wird. Zum anderen kann die Menge der neutronenabsorbierenden Kerne (wie ^{136}Xe) durch den Abbrand so stark angestiegen sein, daß deswegen keine Kettenreaktion mehr in Gang gebracht werden kann. Das ist dann die Gelegenheit für die präparative Reindarstellung von Radionukliden.

Folgende Radionuklide fallen wegen ihrer relativ langen Halbwertzeiten in besonders großen Mengen an:

$$^{90}Sr\ (28\ y),\ ^{137}Cs\ (30\ y),\ ^{147}Pm\ (2{,}6\ y).$$

Tabelle 7 enthält eine Liste von Radionukliden, die aus aufgearbeiteten Brennstoff-Elementen produziert werden. Die meisten von ihnen sind auf anderem Wege nur schwierig oder gar nicht zugänglich.

Tabelle 7: Radionuklide aus Spaltprozessen

Z	Nuklid	Halbwertzeit	Z	Nuklid	Halbwertzeit
Z = 36	^{85}Kr	(10,6 y)	Z = 53	^{129}J	(16 My)
38	^{89}Sr	(51 d)	53	^{131}J	(8,04 d)
38	^{90}Sr	(28 y)	54	^{133}Xe	(5,27 d)
39	^{91}Y	(58 d)	55	^{137}Cs	(30 y)
40	^{95}Zr	(65 d)	56	^{140}Ba	(12,8 d)
44	^{106}Ru	(1,0 y)	58	^{144}Ce	(285 d)
52	^{129m}Te	(41 d)	60	^{147}Nd	(11,1 d)
52	^{132}Te	(78 h)	61	^{147}Pm	(2,6 y)

Wenn es sich um die Herstellung von Spaltprodukten mit kürzerer Halbwertzeit handelt, bestrahlt man am besten Uran entsprechend kürzere Zeit mit Neutronen und trennt dann die gewünschten Nuklide ab (z.B. ^{131}Te(25 m) oder ^{144}Pr(17,5 m).

Gesetzmäßigkeiten und Anwendungsbeispiele für die Erzeugung von Radionukliden durch Bestrahlung finden sich in den Kapiteln über Aktivierungsanalyse (S. 124) und Produktion von Radionukliden (S. 145).

VI. Hinweise für experimentelle Arbeiten

51. Allgemeines

Die Menge der in einer Analysenprobe vorhandenen radioaktiven Atome ist meist äußerst gering. Man kann nach S. 13 ausrechnen, daß 1 μCi ^{32}P aus $6{,}83 \cdot 10^{10}$ Atomen besteht, was einem Gewicht von $3{,}63 \cdot 10^{-10}$ Gramm entspricht. Werden alle Zerfallsakte von einem Detektor erfaßt, so ergibt eine solche Probe eine Zählrate von $3{,}7 \cdot 10^4$ ips = $2{,}22 \cdot 10^6$ ipm. Der 10 000-te Teil davon wäre noch nachweisbar.

Aus dieser Tatsache sind alle nötigen Vorsichtsmaßnahmen sowie die Art der chemischen Operationen abzuleiten. Zwei Gesichtspunkte sind wesentlich:

1. Vermeidung persönlicher Strahlenschäden,
2. Vermeidung der Kontamination des Labors.

Prinzipiell kann man in jedem Labor radioaktiv arbeiten, wenn es nur entsprechend hergerichtet wird. Dabei ist vor allem *leichte Säuberungsmöglichkeit* zu berücksichtigen. Ferner müssen zum Schutz des Experimentators *Abschirmeinrichtungen* vorhanden sein.

52. Laboreinrichtung

Man braucht im allgemeinen getrennte Räume für folgende Zwecke:

1. Lagerung von Aktivmaterial,
2. Abfüllplatz zur Aufteilung in gebrauchsfertige Portionen,
3. Chemisches Labor für die eigentlichen Versuche,
4. Zählraum,
5. Abfallraum.

Die höchsten Aktivitäten treten am Lager und am Abfüllplatz auf. Dort sind also die stärksten Abschirmungen erforderlich. Labor und Zählraum sollen getrennt sein, da die relativ teuren Zählgeräte in einem Chemielabor zu leicht durch Korrosion unbrauchbar werden.

53. Installationen

Abzüge sollen gut funktionieren und werden am besten einzeln mit Filteranlagen für die Abluft ausgerüstet, wobei auf leichtes Auswechseln der Filter Wert zu legen ist. Die Raumlüftung muß bei offenen und geschlossenen Abzügen gleich gut arbeiten. Noch sicherer sind geschlossene Arbeitskästen (glove box), deren Größe und Ausstattung man dem jeweiligen Zweck anpassen kann.

Radioaktive *Abwässer* sollte man nach Möglichkeit durch entsprechendes Arbeiten beim Reinigen der Geräte ganz vermeiden. Spülflüssigkeit wird nach Gebrauch in ein größeres Becherglas (ca. 1 l) am Arbeitsplatz gegossen und dann in 50 l-Kunststoff-Flaschen gesammelt, wenn möglich, getrennt für jedes Radionuklid. Nach jedem Spülen wird mit saugfähigem Papier (z.B. Kleenex-Tücher) ausgewischt. So kommt man mit einem Minimum an Flüssigkeit aus.

Immer muß ein Auffangtank vorhanden sein, in dem die Aktivität des Abwassers vor Einleiten in das städtische Netz geprüft werden kann. Für stark wasserverbrauchende Operationen (Kühler bei Destillationen und Thermostaten) kann bei geschlossenem Lauf eine inaktive *Ableitung* derart vorgesehen werden, daß sie im Labor nur aus einem engen Schlauchnippel besteht, damit nicht versehentlich dort aktive Abwässer ausgegossen werden können. Wasserstrahlpumpen wird man tunlichst vermeiden, da sie nie mit Sicherheit von mitgerissenem Aktivmaterial (Gas, Nebel, Staub) freigehalten werden können. Einzelne kleine, rotierende Saugpumpen sind leichter und sicherer zu handhaben. Wegen dieser Schwierigkeit werden Filtrationen möglichst durch Zentrifugieren ersetzt. Letztere sind auch in einer Glove-Box leicht ausführbar.

Feste Abfälle werden zunächst in Treteimern mit der Aufschrift „radioaktiv" gesammelt und dann in Polyaethylensäcke eingeschweißt.

Staubfangende *Heizkörper* sollten durch solche mit glatter Oberfläche ersetzt werden. Am besten und teuersten ist natürlich eine Vollklima-Anlage für Temperatur und Feuchtigkeit für den ganzen Labortrakt, wobei aber eine Kühlmöglichkeit für die eintretende Luft nicht vergessen werden sollte.

Als *Beleuchtung* haben sich Leuchtröhren bewährt, die bündig in die Decke eingebaut sind. Abzüge sollten stets von außen erleuchtet werden.

Die *Rohrleitungen* (Wasser, dest. Wasser, Gas, Vakuum, Preßluft) sollen in außen glatt abgedeckten, aber leicht zugänglichen Kanälen zusammengefaßt sein.

Für das *Mobiliar* sind ebenfalls glatte Flächen anzustreben.

Im Hinblick auf eine eventuelle Kontamination des Labors sind *Vorräte* an neuen oder nicht benutzten Geräten und Chemikalien außerhalb des Aktivlabors aufzubewahren (z.B. Wandschränke im Korridor).

Das *Material der Arbeitsflächen* (Tische, Abzüge, etc.) muß zunächst hinsichtlich Korrosions- und Temperaturbeständigkeit den Anforderungen an ein normales chemisches Labor genügen, da zeitweise auch ausschließlich inaktives

Material verarbeitet wird. Dann kann man nach sorgfältiger Prüfung auf Freiheit von Radioaktivität das Labor wieder als „inaktiv" erklären und die ziemlich unbequemen Vorschriften fallen lassen.

Die Forderung, daß alle freien Flächen leicht dekontaminierbar sein sollen, kann man am leichtesten und billigsten durch *provisorisches,* lückenloses *Abdecken mit* billigem, undurchlässigem Material (Ölpapier, *Haftfolien,* etc.) erfüllen. Dies wird dann später als radioaktiver Abfall behandelt.

54. Allgemeine Arbeitsregeln

Die folgenden Regeln sollten in jedem Labor sichtbar angeschlagen sein. Gegebenenfalls sind schärfere Vorschriften anzuwenden.

1. In den Aktivlabors müssen Schutzmäntel, Überschuhe und Filmplaketten getragen werden.
2. Essen, Trinken, Rauchen und kosmetische Reparaturen sind in den Labors nicht gestattet.
3. Kein Gerät darf mit dem Mund bedient werden (Pipetten, Spritzflaschen, Befeuchten von Etiketten u.ä.)
4. In die Labors darf nur das unbedingt Notwendige mitgenommen werden.
5. Ohne Wissen des Leiters darf kein radioaktives Material in die Labors gebracht werden.
6. In den Zählraum dürfen nur fertige Zählproben gebracht werden.
7. Gummihandschuhe müssen i m m e r in den Labors bleiben.
8. Fester Abfall ist in die gekennzeichneten Behälter zu tun.
9. Flüssige, aktive Abfälle sind nur in die entsprechend bezeichneten Behälter zu gießen, nicht in die Spülbecken!
10. Nach Arbeitsschluß: Händewaschen, Handschuhe und Kleidung mit einem Labor-Monitor prüfen.

55. Chemische Grundoperationen

Apparaturen werden nicht direkt auf dem mit Ölpapier belegten Tisch aufgebaut, sondern wie beim Arbeiten mit Quecksilber in einer flachen Kunststoffschale, die im Falle des Bruches einer Apparatur den gesamten Flüssigkeitsinhalt aufnehmen kann (*Prinzip des doppelten Gefäßes*).

In einer solchen flachen Schale passender Größe werden auch sämtliche kleineren chemischen Operationen (Umfüllen, Pipettieren, Trocknen von Niederschlägen, Gefäßreinigen, etc.) ausgeführt. *Aktive Geräte werden grundsätzlich getrennt von inaktiven Geräten abgestellt,* z.B. in einer anderen Schale. Um so weniger aktiv kontaminiertes Gerät muß man später reinigen!

Als sicherer Schutz vor Inkorporation radioaktiven Materials durch die Haut müssen beim Handhaben offenen radioaktiven Materials stets *Gummihandschuhe* getragen werden. Beim Arbeiten ist genau zu überlegen, was mit bloßen Händen angefaßt werden darf. Häufig kann man nämlich mit einem Handschuh auskommen und kann dann feinfühliger manipulieren. Handschuhe sind stets als außen kontaminiert anzusehen. Beim Anfassen inaktiver Gegenstände mit dieser Hand wird daher ein Papiertuch zwischengelegt (Schalter, Bleistift, etc.).

Es hat sich als äußerst zweckmäßig erwiesen, den gesamten geplanten Arbeitsgang vorher in Ruhe zu überlegen, die *Reihenfolge der* nötigen *Operationen* schriftlich zu fixieren (sogen. flow-sheet) und alle nötigen Gerätschaften vorher bereit zu legen. Das Funktionieren auch kleinerer Apparate (Filtriereinrichtung, Kolbenpipette, usw.) ist zunächst *mit inaktivem Material* auszuprobieren! Auf diese Weise lassen sich „Unfälle" am sichersten vermeiden. Die zum Dekontaminieren eines Arbeitsplatzes nötige Zeit ist sowieso schon hinreichend lang!

Besondere Aufmerksamkeit erfordern *Flüssigkeitsspritzer,* die häufig unbemerkt auftreten und eintrocknen. Gelöst gewesene Substanzen können dann als inkorporierbarer Staub der Laborluft beigemengt werden. Größere Spritzer soll man daher *sofort* (!) mit saugfähigem Papier aufnehmen (Gummihandschuhe!), die Stelle dekontaminieren und den Erfolg mit einem Labor-Monitor prüfen. Gegen kleinere, fast unsichtbare Spritzer hilft am sichersten Abdecken der Arbeitsfläche mit saugfähigen Papiertüchern, falls mit offenen aktiven Flüssigkeiten gearbeitet wird. Häufiges Prüfen mit dem Labor-Monitor auf Aktivität zeigt, wann der Belag gewechselt werden muß.

Beim *Wägen* sind grundsätzlich geschlossene Gefäße auf einer Cellon-Unterlage zu benutzen. Man soll nicht versuchen, innerhalb der Waage runde Gewichtsmengen (z.B. genau 400 mg) herzustellen. Müssen stärkere Aktivitäten verarbeitet werden, so kann eine fernbediente Gewichtsauflage zweckmäßig sein.

Für das *Pipettieren* (ohne Mundbenutzung!) stehen Hütchenpipetten (mit und ohne Loch im Gummihütchen), Benutzung eines Peleus-Balles oder die (teuren) Kolbenpipetten zur Auswahl. Letztere gibt es auch mit Schliff zum Auswechseln der Pipette. Am Abfüllplatz kann eine fernbediente Pipette sehr nützlich sein, denn die meisten Radionuklide werden als Lösungen geliefert.

Zum Zwecke der Anreicherung von Lösungen sowie zur Herstellung fester Zählproben ist häufig *Eindampfen* nötig. Es soll immer durch Erhitzen der Oberfläche geschehen, um Spritzen zu vermeiden. Einfache Rotlichtlampen sind ausreichend. Sehr praktisch ist es, wenn die Lampe auch sichbares Licht ausstrahlt. Dies erleichtert die Fokussierung, und die eingeschaltete Lampe wird nicht so leicht vergessen. Die Energiezufuhr kann man durch Abblenden mit einem Stück Pappe sofort (!) unterbrechen. Dadurch ist eine sehr gute Dosierung möglich, die auch das Problem der Blasenbildung bei viskosen Lösungen überwinden hilft. Man dampft immer nur kleine Portionen ein. Gegen Schluß entsteht häufig ein sehr feiner Staub. Um Verluste (und Kontamination) zu vermeiden, muß das Präparat also besonders vor dem Anatmen gesichert sein, z.B. durch eine Schutzwand aus Plexiglas.

56. Herstellung fester Zählproben

Die Herstellung gasförmiger und flüssiger Zählproben bietet keine besonderen Probleme. Es bedarf jedoch gewisser Vorsichtsmaßnahmen, um bei festen Zählproben die immer *gleiche geometrische Form* zu erreichen, die *bei* den meist angewendeten *Relativmessungen* unabdingbar ist.

Schlechtes Arbeiten in dieser Phase des Experiments führt unweigerlich zu unnötig hoher Streuung der Meßergebnisse!

Eine sehr brauchbare, aber leider nicht immer zugängliche Methode der Herstellung sehr homogener Schichtdicken auch bei geringsten Substanzmengen ist die *elektrolytische Abscheidung* auf Metallplättchen.

Gefällte Niederschläge werden am besten in einer zerlegbaren Nutsche ausgewaschen, aus der man den Filterkuchen plus Filter unversehrt entnehmen kann. Damit keine Risse auftreten, muß das Trockensaugen des Niederschlages sehr langsam und vorsichtig ausgeführt werden. Dann wird das Filter mit dem Niederschlag am ganzen Rand in einem Zählschälchen (vgl. Fig. 17, S. 55) mit wenig Uhu festgeklebt, damit das Filter sich beim Trocknen nicht krümmen kann.

Zum Zentrifugieren ist ein Röhrchen mit flachem, abnehmbarem Boden am besten geeignet. Damit der Kuchen leichter herausnehmbar ist, legt man ein

Filter mit ein oder verwendet ein Zählschälchen direkt als Boden. Die Fliehkräfte am Boden werden am leichtesten aufgefangen, indem man das Röhrchen in ein zweites normales, w a s s e r g e f ü l l t e s Röhrchen einstellt.

Eine andere Möglichkeit ist das Wiederauflösen des Niederschlages, (portionsweises!) Überführen der Lösung in ein Zählschälchen und Eindampfen zur Trockne mittels Infrarot-Lampe.

57. Reinigungsoperationen

Das Säubern von Gefäßen hat zunächst die *Dekontamination* zum Ziel, d.h. die Beseitigung aller r a d i o a k t i v e n Atome. Erst dann wird man alle störenden Chemikalien entfernen, was mit bekannten Methoden (Chromschwefelsäure, Ausdämpfen, etc.) geschehen kann. Die Dekontamination hat das Problem zu lösen, geringste Atomzahlen von den Gefäßoberflächen zu entfernen. Dies ist meist nur durch ein Verdrängungsverfahren erreichbar, da i m m e r an der Phasengrenze irgendwelche Adsorptionseffekte vorhanden sind. Deswegen wird ganz allgemein mit *Trägerlösung* dekontaminiert, d.h. mit einer Lösung, die das zu entfernende Ion in i n a k t i v e r Form enthält (etwa 10 mg/ml). Nach mehrfacher Wiederholung werden dabei die Aktivatome an der Gefäßwand gegen inaktive ausgetauscht. Der Erfolg der Operation wird mit einem Labor-Monitor geprüft, indem man jeweils das Papiertuch mit den aufgesaugten Resten der Waschflüssigkeit an das Zählrohr bringt. Das Gefäß selbst am Monitor zu prüfen, bietet zumindest bei weichen β-Strahlern nicht die nötige Sicherheit, da schon dünne Glaswände die Strahlung völlig absorbieren. Das Innere einer Pipette läßt sich auf diese direkte Weise nicht überprüfen.

Es kann zweckmäßig sein, vor Beginn der Arbeiten alle neuen Geräte mit Trägerlösung in Kontakt zu bringen und dann mit Wasser zu reinigen. Adsorptionszentren werden dann von vornherein durch inaktive Atome blockiert. – Gelegentlich erleichtert auch eine vorherige Veränderung der Oberflächen (z.B. durch Benetzen mit Silikonen) die spätere Dekontamination.

Sehr häufig wird zur Dekontamination auch die Fähigkeit des *Komplexon* ausgenutzt, mit den meisten anorganischen Kationen sehr stabile Komplexe zu bilden, die viel schwächer adsorbiert werden.

VII. Radiochemische Arbeitsmethoden

58. Grundlagen

Das Prinzip aller radiochemischen Arbeiten kann man in den Satz fassen:

Die Chemie aller Isotope eines Elements ist gleich.

Dies gilt ohne Einschränkung für die chemischen Reaktionsweisen, wie z.B. die Beständigkeit der einzelnen Oxydationsstufen, da solche Eigenschaften ausschließlich durch den bei allen Isotopen gleichen Bau der Elektronenhülle bedingt sind.

Abweichungen treten nur in Falle von Geschwindigkeitsphänomenen (Diffusion, elektrische Wanderung, Reaktionsgeschwindigkeit) auf, die durch die kinetische Energie $mv^2/2$ der reagierenden Teilchen beherrscht werden. Diese sogenannten *Isotopeneffekte* sind bei den leichtesten Elementen am ausgeprägtesten, da dort die prozentualen Massenunterschiede der Isotope am größten sind. Sie können für radiochemische Analysen aber auch dann meist vernachlässigt werden. Präparativ werden die Isotopeneffekte jedoch weitgehend zur Abtrennung bzw. Anreicherung von Isotopen ausgenutzt.

Der zweite fundamentale Gesichtspunkt besteht in der Tatsache, daß *radioaktive Isotope* an Hand ihrer Strahlung *in äußerst kleinen Gramm-Mengen nachweisbar* sind (vgl. S. 87).

Nach Zusatz eines radioaktiven Isotops zu einem System läßt sich das Radioisotop chemisch nicht mehr von den anderen anwesenden inaktiven Isotopen des betreffenden Elementes abtrennen, sein Verbleib während chemischer Reaktionsabläufe ist aber durch Strahlungsmessung nachweisbar.

59. Probleme bei Trennoperationen

Chemische Trennoperationen beruhen immer darauf, daß *ein Teil* der in einer gegebenen Phase I vorhandenen Teilchenarten infolge seiner (physikalischen oder chemischen) Eigenschaften *bevorzugt* in eine Phase II übergehen kann, während der andere Teil der Teilchenarten dies auf Grund seiner Eigenschaften nicht kann.

Dabei sind alle Phasenkombinationen verwendbar (gas/flüssig, gas/fest, flüssig/flüssig, flüssig/fest). Von den festen Phasen werden dabei manchmal nur die Oberflächen ausgenutzt.

Die Verfahren können ferner entweder schon bei *einstufigem* Ablauf zum gewünschten Erfolg führen, oder sie müssen *vielstufig* durchgeführt werden, wenn nämlich nur geringfügige Unterschiede einer bestimmten Eigenschaft vorhanden sind.

In dieses Schema lassen sich alle in der Radiochemie benutzten Trennverfahren einordnen.

1. Das Reagens ist mit der Analysenlösung mischbar und erzeugt eine Differenzierung
   a) bezüglich der Löslichkeit im vorhandenen Medium (= *Fällung*)
   b) bezüglich der Löslichkeit in einer anderen flüssigen Phase (= *Solvens-Extraktion*)
   c) bezüglich der Löslichkeit in der Gasphase, d.h. der Flüchtigkeit (= *Destillation*)

2. Die Analysenlösung wird, evtl. nach Zugabe eines Differenzierungsreagens, mit einer anderen festen Phase in Kontakt gebracht.
   a) Die feste Phase wird in der Analysenlösung erst erzeugt (= *Mitfällung*)
   b) Die feste Phase ist fertig vorgebildet (= *Chromatographie, Ionenaustauscher*)

Bei den im radiochemischen Labor meist verwendeten kleinen Mengen an radioaktivem Material liegen die Schwierigkeiten in Effekten, die auch sonst bei normalen chemischen Trennoperationen immer vorhanden sind, dort aber nicht ins Gewicht fallen.

Einmal handelt es sich um das *Ausbleiben von Fällungsreaktionen,* wenn die Menge des betreffenden Radioisotops so gering ist, daß das Löslichkeitsprodukt des fraglichen Niederschlages nicht erreichbar ist. $PbSO_4$ hat beispielsweise ein Löslichkeitsprodukt $L = 1{,}58 \cdot 10^{-8}$. Also können in Lösung höchstens $1{,}26 \cdot 10^{-4}$ mol/l sein. Wenn alle Blei-Ionen aus ThB (= ^{212}Pb (10,6 h)) bestehen, so wiegt 1 mCi in Form von $PbSO_4$ nur $1{,}03 \cdot 10^{-9}$ g (vgl. S. 13) entsprechend $3{,}39 \cdot 10^{-12}$ mol $PbSO_4$. Damit könnte man nur 0,262 Millionstel ml Lösung sättigen. 1 mCi Bleisulfat fällt also aus einer größeren Lösungsmenge nicht aus.

Der zweite Effekt, der bei Vorliegen winziger Mengen eines Radionuklids eine Abtrennung erschwert oder unmöglich machen kann, ist die *Adsorption* am Gefäßmaterial oder aber an anderen Fällungen, mit denen das Radionuklid nicht fallen sollte.

60. Typen der Trägertechnik

Als Ausweg bietet sich hier die sogenannte Trägertechnik an. Man setzt zu dem System eine bekannte Menge (z.B. 20 mg) des fraglichen Elementes in inaktiver, aber der gleichen chemischen Form zu. Dadurch gelangt man aus dem submikrochemischen Bereich in die normale Chemie und das Radioisotop nimmt nun an allen Reaktionen in normaler Weise teil.

Besteht ein Präparat ausschließlich aus radioaktiven Atomen, so bezeichnet man es als *trägerfrei*. Seine Gewichtsmenge ist dann vernachlässigbar, und man hat bei Zusatz einer bekannten Trägermenge noch den unschätzbaren Vorteil, daß aus dem Gewicht der abgetrennten Menge sofort eine Angabe über die Ausbeute der betr. Trennoperation möglich ist, sodaß man auf 100% Ausbeute umrechnen kann.

Trägerfreie Radionuklide bilden sich beispielsweise bei Kernreaktionen, die unter Änderung der Ordnungszahl ablaufen, wie (n, p)-, oder (n, α)-Reaktionen. Ferner erhält man sie in jeder Zerfallskette. Dazu gehören auch die natürlichen Zerfallsreihen. Trägerfreiheit ist meist sehr erwünscht, da solche Präparate die höchste erreichbare spezifische Aktivität aufweisen.

Außer der oben beschriebenen Art des einfachen Trägerzusatzes, die den Zweck hat, den normalen Ablauf chemischer Fällungsreaktionen zu bewirken oder aber eine Ausbeutebestimmung zu ermöglichen, kann man derartige isotope Träger auch als *Rückhalteträger* einsetzen. In jedem Fall sollen dadurch (unerwünschte) Adsorptionseffekte ausgeschaltet werden.

Nehmen wir den Fall, daß ein trägerfreies Gemisch von ^{90}Sr und ^{140}La zu trennen sei. Setzt man dabei zwecks Fällung von $SrSO_4$ Strontium-Ionen als inaktiven Träger zu, so würde zwar die $SrSO_4$-Fällung richtig ablaufen, aber das trägerfreie La^{3+} würde an der $SrSO_4$-Fällung adsorbiert werden und mit ausfallen. Um eine Trennung des Sr^{2+} vom La^{3+} zu erreichen, muß daher vor Einleitung der Fällung auch inaktives La^{3+} als „Rückhalteträger" zugesetzt werden. Zwar bleibt dabei das Ausmaß der Adsorption von Lanthan-Ionen am $SrSO_4$-Niederschlag mindestens gleich groß. Aber der Anteil des aktiven La^{3+} an der Sorption sinkt auf denjenigen winzigen Bruchteil ab, den das aktive Lanthan zur Gesamtmenge des nun vorhandenen La^{3+} beiträgt. So bleibt der allergrößte Teil des aktiven Lanthan in Lösung.

Um auch die letzten Reste der Fremdaktivität aus dem $SrSO_4$-Niederschlag zu beseitigen, kann die $SrSO_4$-Fällung nach Auflösen und neuem La^{3+}-Zusatz beliebig oft wiederholt werden.

Umgekehrt würde das aktive, trägerfreie Sr^{2+} mit ausfallen, wenn man nach alleinigem Zusatz von Lanthanträger das Lanthan als $La(OH)_3$ fällen wollte. Auch für das Strontium muß hier inaktiver (isotoper) Rückhalteträger zugesetzt werden.

61. Nichtisotope Träger

Immer, wenn bei Trennoperationen Träger für ein Radionuklid zugesetzt wird, geht dessen Trägerfreiheit verloren, weil es sich um isotope Träger handelt. Das ist für viele Zwecke wegen der Verringerung der spezifischen Aktivität unerwünscht. Jedoch ist dies nur einer der Gründe, weswegen man gezwungen ist, nach nichtisotopen Trägern zu suchen.

Alle Elemente mit Ordnungszahlen größer als 84 (ab Polonium) besitzen nämlich kein einziges stabiles Isotop. Die Strahlungsmessung würde daher durch einen isotopen Trägerzusatz wesentlich kompliziert werden. Das Problem, nichtisotope Träger zu finden, trat infolgedessen ganz besonders bei der Aufklärung der natürlichen Zerfallsreihen auf. Dort liegen ja alle Zwischenglieder in trägerfreier Form vor. An diesen Substanzen ist von *Fajans, Paneth, Hahn* u. a. das Versuchsmaterial über nichtisotope Träger gesammelt worden.

Man bedenke, daß damals (vor 1934) die Möglichkeit der Markierung mit künstlichen Radioisotopen noch nicht bestand. Deswegen waren systematische Untersuchungen über das Verhalten trägerfreier Mengen, d.h. also von Fällungen bei sehr kleinen Konzentrationen überhaupt nicht durchführbar. Um die einzelnen Radioaktivitäten eindeutig zu isolieren, war also ein äußerst zeitraubendes Probieren mit den verschiedensten Fällungsmitteln nötig. Die heutzutage an Stelle von Fällungen oft verwendeten Extraktionsverfahren und chromatographischen Methoden waren seinerzeit noch nicht allgemein bekannt.

Aus diesen Arbeiten haben sich schließlich eine Reihe von Regelmäßigkeiten über nichtisotope Träger ableiten lassen. Zwei Ursachen sind im wesentlichen für die Mitfällung von Fremdionen verantwortlich zu machen. Dies sind die Bildung von Mischkristallen und die oberflächliche Adsorption.

62. Mischkristalle als nichtisotope Träger

Grundbedingung für eine Mischkristallbildung zwischen Gastionen und Wirtkristall ist *gleicher Gittertyp* von Gast- und Wirtsubstanz. Diese Gleichheit des Gittertyps hängt ab vom Radienverhältnis $r_{Kation} : r_{Anion}$. Wenn dann außerdem auch noch die Radien beider Anionen und beider Kationen jeweils angenähert gleich sind, können solche „isomorphen" Substanzen zu Mischkristallen zusammentreten. Kationen des Gastes z.B. werden dann einfach auf Gitterplätzen des Wirtkristalls eingebaut.

Bis zu welchem Anteil des Gastes der Wirtkristall stabil bleibt, hängt unter anderem von dem Ausmaß der *Abweichung der Radien* ab, sowie von der *Gitterenergie* des Gastions im Wirtkristall und von Unterschieden der *Hydratationsenergien* von Gast- und Wirt-Ionen. Auch die unterschiedliche *Polarisierbarkeit* von Gast- und Wirtionen kann Instabilitäten hervorrufen.

Wie bei allen Phasengleichgewichten in Mehrstoffsystemen ist die Zusammensetzung des festen Mischkristalls eine andere wie diejenige der Lösung. Und zwar ist im allgemeinen *die feste Phase an derjenigen Komponente angereichert, welche die geringere Löslichkeit besitzt.*

Falls zwischen fester und flüssiger Phase thermodynamisches Gleichgewicht herrscht, gilt für jede Teilchenart der *Nernst'sche Verteilungssatz.* Im vorliegenden Fall läßt sich das zusammenfassend durch die Beziehung ausdrücken

$$\left(\frac{\text{Gast}}{\text{Wirt}}\right)_{\text{fest}} = D \cdot \left(\frac{\text{Gast}}{\text{Wirt}}\right)_{\text{flüssig}} .$$

Ist $D > 1$, so ist die Gastsubstanz im Festkörper angereichert. D ist die von der Konzentration unabhängige *Verteilungskonstante.*

Zum Zweck der Abtrennung eines Radionuklids durch Mitfällung als Mischkristall interessiert die Frage, unter welchen Umständen die größte Menge Gast im Wirtkristall eingebaut wird. Hierzu muß man die *Fällungsbedingungen* näher studieren.

Zwei Verfahren zur Erzeugung einer festen Phase aus einer flüssigen Lösungsphase sind zu unterscheiden. Einmal kann die Fällung *durch Reagenszusatz* ausgelöst werden, im besonderen auch durch Reagenserzeugung in homogener Lösung. Zum anderen kann eine ungesättigte Lösung der abzuscheidenden Stoffe vorliegen, die *durch Entfernen des Lösungsmittels* (Verdampfen durch Temperaturerhöhung oder Druckverminderung) allmählich den Sättigungszustand erreicht und nach Vorliegen einer bestimmten „Übersättigung" die feste Phase entstehen läßt.

63. Keimbildung

Zur Beschreibung der Entstehung einer festen Phase sind zwei Begriffe sehr nützlich, nämlich die *Keimbildung* und das *Kristallwachstum.* Unter Keimbildung wird das von der Statistik beherrschte *Entstehen von geordneten Be-*

reichen innerhalb der ungeordneten Lösungsstruktur verstanden, wenn diese Bereiche zum weiteren Wachstum fähig sind. Zur Ausbildung eines Keims ist es nötig, daß die für den Kristall erforderlichen Ionen *durch die thermische Bewegung* in solche Positionen kommen, wie sie im Kristall vorliegen würden.

Hierbei ist die in der Praxis oft beobachtete Keimbildung an Gefäßwänden oder an festen, staubförmigen Verunreinigungen in der Lösung nicht berücksichtigt.

Damit die Ionen sich bis auf den Kristallgitterabstand nähern können, müssen sie wenigstens teilweise dehydratisiert werden. Dazu ist eine gewisse Dehydratisierungs*energie* aufzuwenden. Gleichzeitig wird infolge der Ausbildung der Gitterstruktur ein Betrag an Gitterenergie frei. Die *Entropie* der Lösung wird durch Bildung eines solchen geordneten Keimes ebenfalls verändert. Sie nimmt ab, weil der Ordnungszustand der Ionen im Keim höher ist als in der übrigen Lösung. Sie nimmt zu, weil die in den Hydrathüllen vorher geordnet vorliegenden Wassermoleküle nun ungeordnet in der Lösung verteilt werden.

Die aus diesen Effekten berechenbare Bilanz der Freien Enthalpie $G = H - TS$ besitzt als Funktion der in einem Keim angenommenen Anzahl Ionen ein *Maximum*. Bei zu kleiner Zahl der „Keim-Ionen" zerfällt der Keim wieder. Bei Ionen-Anzahlen jenseits des Maximums von G ist das Wachstum des Keims infolge weiterer Abnahme von G gesichert.

Die *Anzahl* der zu Beginn der Kristallisation sich bildenden Keime ist offenbar für die Natur des entstehenden Niederschlages ausschlaggebend, insbesondere für seine Grob- oder Feinkörnigkeit. Zwei Typen von Niederschlägen lassen sich unterscheiden. *Typ I* erlaubt die Herstellung *sehr stark übersättigter* Lösungen (Beispiel: $BaSO_4$). *Typ II* läßt sich nur *sehr wenig übersättigen* (Beispiel: AgCl). Figur 26 zeigt schematisch die Löslichkeitskurve und die den metastabilen Bereich begrenzende Linie. Keime, die bei Typ I gebildet werden, können zunächst ungestört wachsen, da die Lösung erst wieder den hohen Übersättigungsgrad erreichen muß, ehe neue Keime gebildet werden können. Dampft man hier das Lösungsmittel *langsamer* ab, als die Lösung infolge Kristallwachstum verarmt, so bilden sich nie wieder neue Keime. – Bei Typ II ist der zu neuer Keimbildung erforderliche Übersättigungsgrad sehr schnell wieder erreicht. Es bilden sich laufend neue Keime. Typ I kann also relativ wenige, grobkörnige Kristalle liefern. Typ II erzeugt viele, feine Kristallite.

Betrachten wir nun die Bildung eines Mischkristalls vom Typ I, so entsteht dabei ein Kristall, der in den einzelnen Schichten jeweils unterschiedliche

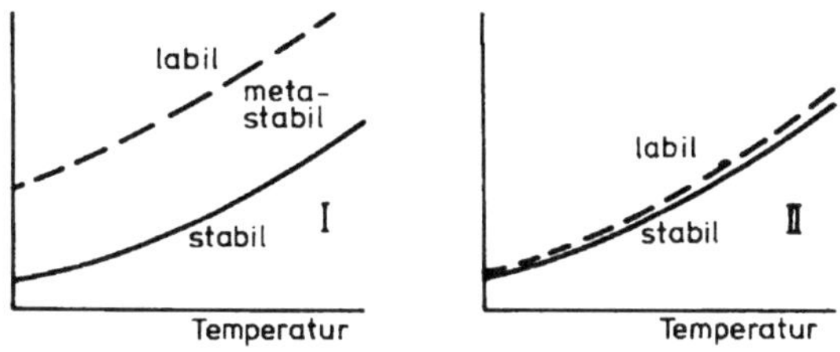

Fig. 26. Löslichkeit und Übersättigung

Mengen an Gast-Ionen eingebaut enthält. Sie entsprechen in ihrer Zusammensetzung dem jeweils in der Lösung noch vorhandenen Angebot an Gast-Ionen. Nehmen wir den Fall, daß das Gast-Ion im festen Zustand angereichert wird, so verarmt die Lösung nach Ausbildung der ersten Schichten in der Umgebung jedes Kriställchens. In den folgenden Schichten kann daher nur noch eine geringere Konzentration des Gast-Ions abgeschieden werden.

Daraus folgt, daß um so mehr Gast in den Niederschlag gehen wird, je mehr Keime gebildet werden. Feinkörnige Niederschläge „tragen" daher mehr Gast als grobkörnige.

64. Rekristallisation

Zwei Effekte wirken auf die Zerstörung der primär entstandenen Schichtstruktur der Mischkristalle hin. Die *Diffusion* im festen Zustand kann wegen ihrer Langsamkeit meist nur wenig zum Ausgleich der Konzentrationsunterschiede im Festkörper beitragen. Um so wirksamer ist die als *Rekristallisation* bezeichnete Erscheinung, deren Mechanismus in einer Wiederauflösung der Kristallite und Neuabscheidung an anderer Stelle besteht. Ursache dieser Erscheinung ist die Tatsache, daß jedes Ion in einer Kristalloberfläche wegen nicht abgesättigter Bindungskräfte einen höheren Energieinhalt hat als ein Ion im Inneren des Kristalls, wo es seine Bindungskräfte allseitig betätigt hat. Aus diesem Grunde strebt die gesamte feste Phase nach Verkleinerung der Oberfläche, d.h., *größere Kristalle wachsen auf Kosten der kleineren.* Durch längeres Stehenlassen in Kontakt mit der Lösung (= Digerieren) wird infolge Rekristallisation ein Niederschlag grobkörniger, wobei sich zugleich die Konzentrationsunterschiede innerhalb der Kristalle ausgleichen. Erst dann kann man wirklich von Gleichgewicht zwischen fester und flüssiger Phase sprechen und die Gültigkeit der obigen Gleichung erwarten.

65. Logarithmische Verteilung

Schafft man Bedingungen, bei denen die Rekristallisation weitgehend ausgeschaltet ist, so bleibt die Schichtstruktur der Mischkristalle erhalten, und man muß zwecks Berechnung der ausgefällten Gesamtmenge die Gleichung S.97 *für jede Schicht einzeln* ansetzen und integrieren.

Es sei a die Gesamtmolzahl an Gast im System,
b die Gesamtmolzahl an Wirt im System.

Von der schon ausgefällten Molzahl x der Gastsubstanz soll die Molzahl dx in einer unendlich dünnen Schicht vorhanden sein. Von der schon ausgefällten Molzahl y der Wirtsubstanz soll die Molzahl dy in einer unendlich dünnen Schicht vorhanden sein. Dann ist die noch in Lösung befindliche Molzahl Gast gleich a – x und die entsprechende Molzahl Wirt gleich b – y. Da beide Stoffe sich im selben Lösungsvolumen V befinden, sind die betreffenden Konzentrationen gegeben durch (a – x)/V bzw. (b – y)/V. Diesen Konzentrationen ist nach dem *Nernst*schen Verteilungssatz die in der freiliegenden Kristalloberfläche vorhandene Menge dx des Gastes bzw. dy des Wirts proportional. Also gilt

$$dx = k_1 \cdot \frac{a - x}{V} \text{ und } dy = k_2 \cdot \frac{b - y}{V} \; .$$

Division beider Gleichungen liefert die Differentialgleichung

$$\frac{dx}{dy} = \frac{a - x}{b - y} \cdot \lambda \quad \text{mit} \quad \lambda = k_1/k_2 \; .$$

Durch Integration findet man

$$\log \frac{a}{a - x} = \lambda \cdot \log \frac{b}{b - y} \; .$$

Dies allgemeine Gesetz enthält die *logarithmische Verteilungskonstante* λ.

Diese logarithmische Verteilung wird immer erhalten, wenn Rekristallisation möglichst verhindert wird. Entweder *fällt man* zu diesem Zweck *schnell* durch Reagenszusatz oder durch Zusatz eines anderen Lösungsmittels, in welchem die Substanz (als einzige!) schlechter löslich ist, und trennt dann den Niederschlag möglichst schnell von der überstehenden Lösung. Eine Methode, die mit *langsamer* Abscheidung arbeitet und die logarithmische Verteilung aufrecht erhält, ist das *langsame Eindunsten gesättigter Lösungen.* Wie oben erläutert, wachsen hier nur die primär gebildeten Keime in der gesättigten Lösung weiter, ohne daß es zu neuen Keimbildungen kommt und ohne daß merkliche Rekristallisation auftreten kann. Über das Ausmaß der Rekristallisation kann man übrigens sehr gut Auskunft erhalten, indem man Isotopenaustausch-Experimente anstellt (vgl. S.108).

Experimente zur Ermittlung des Wertes oder der Konstanz von λ werden meist derart durchgeführt, daß man bei konstanten Ausgangsmengen a und b die ausgefällten Mengen x und y variiert und dann die λ gegen die ausgefällte Menge, z.B. y, aufträgt. Diese Untersuchungen sind relativ leicht nur durch langsames Eindunsten durchführbar.

66. Adsorption

Eine Mitfällung infolge von Adsorptionseffekten tritt viel häufiger auf als die Mischkristallbildung. Das Vorliegen eines Adsorptionsmechanismus bei einer Mitfällung ist leicht daran zu erkennen, daß der beobachtete *Effekt sehr stark* von der Zusammensetzung des umgebenden Mediums, also *von der Art und Menge der Fremdionen in der Lösung abhängt.* Überdies wird bei Variation der Konzentration kein konstant bleibendes D oder λ gefunden.

Grundlage aller Adsorptionseffekte ist, daß *an der Oberfläche* einer (meist) festen Phase Ionen (oder andere Teilchen) durch physikalische oder chemische Kräfte festgehalten werden, und daß hierfür eine *begrenzte Zahl von Sorptionsplätzen* verfügbar ist, die der Größe der Oberfläche proportional ist.

Das grundlegende *Gesetz der Adsorption* läßt sich nach *Langmuir* recht einfach ableiten, indem man das Gleichgewicht zwischen sorbierten Teilchen und den in Lösung befindlichen Teilchen dadurch berechnet, daß man die Gleichheit von Adsorptionsgeschwindigkeit und Desorptionsgeschwindigkeit ansetzt. Bezeichnet man die Anzahl der pro cm^2 vorhandenen Sorptionsplätze mit a, diejenige der besetzten Plätze mit x und die Konzentration in der Lösung mit c, so gilt für die Adsorptionsgeschwindigkeit

$$v_{ads} = k_1 \cdot c \cdot (a - x) ,$$

da das Angebot an Konzentration c aus der Lösung nur an den noch freien Plätzen a – x aufgenommen werden kann, und für die Desorptionsgeschwindigkeit

$$v_{des} = k_2 \cdot x ;$$

denn nur sorbierte Teilchen können desorbiert werden. Durch Gleichsetzen folgt

$$k_1 \cdot c \cdot (a - x) = k_2 \cdot x \quad \text{oder}$$

$$x = \frac{a \cdot c}{b + c} \quad \text{mit} \quad b = k_2/k_1 .$$

Zwei Konstanten legen also das Sorptionsgleichgewicht fest. Eine von ihnen ist die Anzahl a der Sorptionsplätze pro cm^2.

Spezifische Trenneffekte können durch Adsorption eigentlich nur auftreten, wenn die chemischen Eigenschaften der sorbierenden Substanz beim Mechanismus der Adsorption eine Rolle spielen.

Alle festen Stoffe mit sehr großer Oberfläche zeigen ausgeprägte Sorptionseffekte. Besonders bekannt ist dies bei *Aktivkohle*. Die Sorption ist hier relativ *unspezifisch*. Hat man jedoch einen Trenneffekt experimentell erzielen können, so bietet Aktivkohle den Vorteil, daß keine weiteren Kationen oder Anionen in die Analysensubstanz eingebracht werden.

Auch gelatinöse Fällungen wie Eisenhydroxid haben eine große Oberfläche und können eine Vielzahl von Ionenarten (relativ unspezifisch) sorbieren. Daher wird $Fe(OH)_3$ häufig als *Scavenger* benutzt. Man versteht darunter das Reinigen einer Lösung von trägerfreien Aktivitäten. Nur solche Aktivitäten, für welche isotoper Träger zugesetzt wurde, bleiben in Lösung. Auch sie können aber durch wesentlich größere Mengen an $Fe(OH)_3$-Fällung ausgeschieden werden.

Verwendet man (schwerlösliche) *Ionenkristalle*, um Adsorptionseffekte zur Trennung auszunutzen, so muß man mit zwei Typen von Sorption rechnen. Es kann Isomorphie der Kristalle mit den zu sorbierenden Teilchen vorliegen. Dann findet eine *oberflächliche Mischkristallbildung* statt, die den oben beschriebenen Gesetzmäßigkeiten gehorcht. Dieser Fall stellt keine eigentliche Adsorption dar.

Passen die zu sorbierenden Ionen nicht in das Gitter des sorbierenden Kristalls, so kann Adsorption nur durch *Austausch der Gegenionen* eintreten.

Wie aus der analytischen Chemie bekannt ist, nimmt z.B. ein in Gegenwart eines Überschusses von Ba^{2+}-Ionen zum Zwecke der Sulfatbestimmung gefällter $BaSO_4$-Kristall eine positive Ladung deswegen an, weil überschüssige Ba^{2+}-Ionen von oberflächlich liegenden SO_4^{2-}-Ionen nach Art der Figur 27a bevorzugt angelagert werden. Diese Bariumionen werden vor den übrigen in der Lösung anwesenden Kationen bevorzugt, weil die Bindung des Ba^{2+} an das Sulfat-Ion (als Auswirkung der Unlöslichkeit) besonders fest ist, wodurch die Energie des Systems am stärksten herabgesetzt wird. Diese Ba^{2+}-Ionen bestimmen die positive Ladung der Kristallite und heißen daher *potentialbestimmende Ionen*. Sie sind fest lokalisiert.

Wegen der Elektroneutralität der Lösung müssen in unmittelbarer Nähe dieser potentialbestimmenden Ionen bevorzugt solche entgegengesetzter

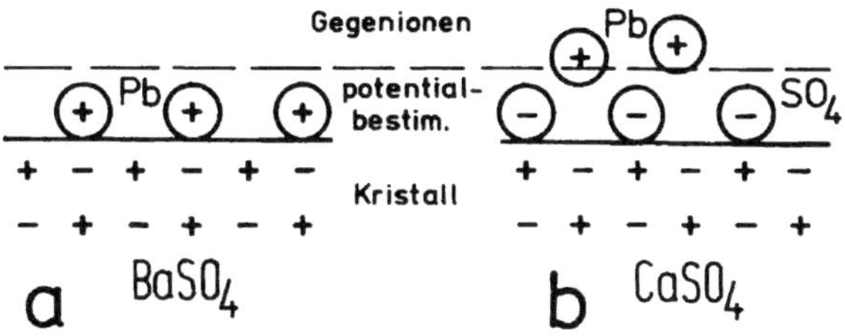

Fig. 27. Adsorptive Mitfällung

Ladung sich aufhalten. Diese sogenannten *Gegenionen* werden aus chemischen Gründen wiederum solche sein, die mit den potentialbestimmenden Ionen unlösliche Verbindungen eingehen möchten, dies aber in Kristallform nicht konnten, weil sie nicht in das Gitter des Kristalls passen. Da es sich aber im wesentlichen um einen elektrostatisch gesteuerten Effekt handelt, stehen alle anderen Ionenarten gleichen Ladungssinnes mit ihnen in Konkurrenz. Für beste Adsorption in Form von Gegenionen muß also außer der jeweiligen Konzentration maßgebend sein: hohe Ladung, starke Polarisierbarkeit, geringe Größe, geringe Hydratationsenergie.

Folgendes Beispiel erläutert die Verhältnisse! $CaSO_4$ und $PbSO_4$ bilden k e i n e Mischkristalle. Von Otto *Hahn* wurde gefunden, daß trotzdem eine Ausfällung von $CaSO_4$, die bei Überschuß von Sulfat-Ionen vorgenommen wurde, die also aus negativ geladenen, mit SO_4^{2-}-Hülle versehenen Teilchen besteht, fast 100% der gleichzeitig anwesenden ^{212}Pb-Menge (= ThB) mit ausfällt. Die Pb-Ionen können nicht als potentialbestimmende Ionen angelagert sein, sondern müssen als Gegenionen elektrostatisch am Niederschlag haften, wie dies in Figur 27b dargestellt ist.

67. Weitere Trennoperationen für trägerfreie Nuklide

Infolge der Schwierigkeiten, die bei Fällungen auftreten, benutzt man zunehmend andere Trennmethoden, bei denen die Verhältnisse übersichtlicher liegen. Dies sind vor allem die Lösungsmittel-Extraktion (im folgenden als *Solvex*-Verfahren abgekürzt), chromatographische Verfahren und die Verwendung von Ionenaustauscher-Harzen, sowie die Mitführung von flüchtigen Stoffen im Fremdgasstrom. Bei all diesen Methoden treten auch für die kleinsten Konzentrationen keine Abweichungen von den Gesetzen der Makrochemie auf. Alle diese Operationen lassen sich leicht automatisieren oder auf

Fernbedienung umstellen, weil kein Auswaschen und Abtrennen einer festen Phase nötig ist.

Solvex-Verfahren beruhen auf der Tatsache, daß von den meisten Metallen mit speziellen organischen Reagenzien die verschiedenartigsten Komplexe herstellbar sind, die dann in Wasser schlecht, aber in organischen Lösungsmitteln gut löslich sind. pH-Änderungen der wässrigen Phase erlauben auf einfache Weise eine weitgehende Variation von Art und Menge der sich bildenden Komplexe, sodaß eine hohe Selektivität erreichbar ist.

Ein Beispiel ist die *Gewinnung von trägerfreiem* ^{45}*Ca*. Man bestrahlt Scandium mit Neutronen, wobei die Reaktion abläuft

$$^{45}Sc(n, p)^{45}Ca$$

und extrahiert dann das Calcium aus schwach alkalischer Lösung (pH 8,2) in eine etwa 0,5 m benzolische Lösung von Thenoyltrifluoraceton,

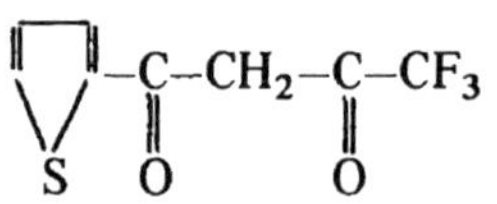

das als β-Diketon mit dem Calcium Komplexe bildet. Der gleichzeitig gebildete Scandium-Komplex ist erst in stark saurer Lösung (pH 1,5) extrahierbar.

Ein besonderer Vorteil aller Solvex-Verfahren liegt in der ***Schnelligkeit***, mit der die Abtrennung möglich ist. Nur in ganz wenigen Fällen hat sich bisher die Bildung von schwer koagulierbaren Emulsionen als störend erwiesen. Die Vielzahl der bekannten Solvex-Verfahren ist nicht zuletzt darauf zurückzuführen, daß bei der Ausarbeitung solcher Trennverfahren sich Radioisotope für die schnelle Bestimmung von Verteilungszahlen sehr vorteilhaft einsetzen lassen; und zwar wegen der schnellen und leichten Meßbarkeit der Strahlung bis herunter zu sehr kleinen Konzentrationen.

In den meisten Fällen kann man γ-Strahler für das betreffende Problem finden. Diese lassen sich besonders einfach analysieren, da die organische bzw. wässrige Phase ohne weitere Aufarbeitung im Bohrloch eines NaJ-Szintillations-Detektors gemessen werden kann.

Bei Verwendung von γ-Spektrometern besteht überdies die Möglichkeit, durch Markierung mehrerer Elemente deren gegenseitige Beeinflussung im gleichen Extraktionsprozeß zu studieren.

β-Strahler lassen sich wegen der Selbstabsorptionsverluste sehr viel schwieriger exakt und genügend empfindlich messen.

Zur weitere Verarbeitung muß das abgetrennte Radioisotop fast immer durch *Rückextraktion* wieder in eine wässrige Phase gebracht werden. Das ist häufig schon durch einfachen Wechsel des pH erreichbar. Diese Rückextraktion befreit gleichzeitig die meist teure organische Phase von Radioaktivität, sodaß das Material erneut verwendbar ist und nicht als voluminöser radioaktiver Abfall nutzlos wird.

Für *chromatographische Verfahren* kann man sich auf alle bekannten Vorschriften der analytischen Chemie stützen. Der gegenüber Solvex-Verfahren höhere Zeitaufwand wird für viele analytische Zwecke dadurch kompensiert, daß in einem Experiment meist die vollständige Aufspaltung der Komponenten erreicht wird. Der Nachweis und die quantitative Bestimmung von Radioisotopen im Chromatogramm läßt sich durch Strahlungsmessung wesentlich leichter durchführen als in der inaktiven Chemie. Man ist nicht auf spezielle Entwicklungsreagenzien und kolorimetrische Methoden angewiesen.

Will man die Verteilung s i c h t b a r fixieren, so läßt sich mit Vorteil die *Autoradiographie* benutzen. Dazu wird ein photographischer Film entsprechender Größe unter Zwischenlegen einer Schutzfolie (sonst Kontamination des Films, Entwicklers, usw.) auf das Chromatogramm gepreßt und längere Zeit der Strahlungseinwirkung ausgesetzt. Nach der Entwicklung ist die Schwärzung ein Spiegel der Aktivitätsverteilung.

Auch *Ionenaustauscher* werden in gleicher Weise wie in der inaktiven Chemie benutzt. Als großer Vorteil erweist sich, daß die Einfachheit der Strahlungsmessung die sonst zeitraubende chemische Analyse der vielen während der Elution anfallenden Fraktionen ganz außerordentlich erleichtert. Man kann sogar k o n t i n u i e r l i c h analysieren (Durchfluß-Detektor, vgl. S. 42) und die richtigen Fraktionen gleich getrennt sammeln. Registriert man mit einem Schreiber bei konstanter Elutionsgeschwindigkeit gleichzeitig die Aktivitätskurve, so können deren Peakflächen zur quantitativen Bestimmung herangezogen werden.

Für die *Mitführung im Gasstrom* ist die Produktion von ^{14}C durch Neutronenbestrahlung von Aluminiumnitrid, Al_3N_4, und nachfolgende Oxydation im Sauerstoffstrom zu $^{14}CO_2$ ein besonders wichtiges Beispiel.

68. Tracer-Technik

Die T r ä g e rtechnik ist dasjenige wesentliche Prinzip der Radiochemie, das die chemische Handhabung der sehr kleinen Gewichtsmengen an radioaktiver Substanz erst möglich macht. Wie oben beschrieben wurde, ergibt sich nebenbei daraus eine sehr nützliche Methode der Ausbeutebestimmung bei Trennoperationen. Sie beruht darauf, daß die abgetrennte Menge an Trägersubstanz schließlich gewogen wird. So kann die Aktivität auf 100% Ausbeute korrigiert werden.

Dies Prinzip läßt sich auch umkehren und wird dann allgemein als *Tracertechnik* bezeichnet. Diese Tracer-Technik ist der methodisch wichtigste Gesichtspunkt bei der Anwendung radiochemischer Methoden auf chemische Probleme, weil dadurch chemische Ausbeuten durch Strahlungsmessung bestimmbar werden.

Man setzt dabei eine *bekannte Menge* an *isotoper* Aktivität zu, deren Gewicht vernachlässigbar bleibt. Es ist dann eine *Ausbeutebestimmung durch Strahlungsmessung* auch in solchen Fällen möglich, in denen eine quantitative Abscheidung der mit dem Tracer „markierten" Substanz nicht durchgeführt werden kann.

Ein Beispiel mag zur Erläuterung dienen. Es sei die Aufgabe gestellt, die Verluste an Zink zu bestimmen, die bei der trocknen Veraschung einer organischen Substanz eintreten, wenn diese Substanz wenige ppm Zink enthält.

Zur Lösung dieser Aufgabe setzt man eine kleine bekannte Menge Zink zu der organischen Substanz zu. Dann wäre eine Reihe von Zn-Bestimmungen mit immer dem gleichen analytischen Verfahren nötig, nämlich an der Asche, an dem Tiegel und an der Auflösung der Asche. Ein ursprünglich im Tiegelmaterial oder in den zur Auflösung benutzten Reagenzien vorhandener Zinkgehalt würde die Ergebnisse verfälschen können.

Fügt man hingegen zu der organischen Substanz eine bekannte Menge von (aktivem) ^{65}Zn als Tracer hinzu, so ist der Verbleib dieses und nur dieses Zinks ohne weiteres durch Strahlungsmessung an den oben genannten Teilen feststellbar. Die Ergebnisse können durch Zn-Spuren aus dem Tiegelmaterial und den Reagenzien nicht verfälscht sein, da nur das radioaktive Zink gemessen wird.

Man erkennt an diesem einfachen Beispiel, wie wertvoll die Tracer-Technik für die Aufklärung solcher Probleme ist.

Beiden Experimenten (mit und ohne Tracer) ist der Fehler gemeinsam, daß das zugesetzte Zink nicht genau so in die organische Substanz eingebaut ist wie das ursprünglich vorhandene. Aber auch dieser Fehler läßt sich radiochemisch noch ausschalten, indem man die zu untersuchende Probe (ohne Extrazusatz von Zink) aktiviert und eine bekannte Menge Zink getrennt davon mitbestrahlt (vgl. S. 138)

Derartige Untersuchungen sind an sehr vielen qualitativen bzw. quantitativen Analysenverfahren bereits angestellt worden, um die optimalen Vorschriften sowie die möglichen Fehlerquellen zu finden.

Ohne radioaktive Isotope wären die meisten Ergebnisse über das chemische Verhalten kleiner Mengen, z.B. Mitfällungs- und Adsorptionseffekte, noch unbekannt oder sehr unsicher. Von besonderem Vorteil ist die Tatsache, daß die Aktivitäten sehr schnell und einfach gemessen werden können. Daher kann eine Vielzahl von quantitativen Ergebnissen in kurzer Zeit gewonnen werden. Systematische Untersuchungen werden dadurch sehr erleichtert.

Eine weitere große Gruppe von chemischen Problemen, die durch Tracer-Technik erst lösbar geworden sind, stellen *reaktionskinetische Untersuchungen* dar. Um beispielsweise zu prüfen, ob ein aus mehreren Schritten bestehender Reaktionsablauf über eine der angenommenen Zwischenstufen verläuft, setzt man diese betreffende Zwischenverbindung, mit radioaktiven Isotopen markiert, dem Reaktionsgemisch zu. Dann müssen die so zugeführten radioaktiven Atome auch in den Endprodukten der Reaktion wiederzufinden sein.

Ein ganz einfaches Beispiel ist die thermische Zersetzung (bei 510°C) von $KClO_3$. Um zu prüfen, ob hierbei ein Abbau bis zum freien Cl eintritt, setzt man aktives KCl* zu.Man findet als Ergebnis, daß das gebildete $KClO_4$ völlig inaktiv bleibt. Alle Reaktionsmechanismen, welche die Beteiligung eines Cl^- an der $KClO_4$-Bildung enthalten, können somit ausgeschlossen werden.

Der Anteil der Aktivität in den Endprodukten läßt sogar noch eine Auskunft darüber zu, ob nur ein einziger Reaktionsweg vorliegt oder ob eventuell ein zweiter existiert, der nicht über dies Zwischenprodukt läuft.

Ein interessantes, praktisch bedeutsames Beispiel ist die Untersuchung des *Nickelgehaltes von hydrierten Fetten,* wobei zu klären war, ob das Nickel aus dem benutzten Hydrierungskatalysator stammt. Man benutzt im Katalysator radioaktives Nickel als Tracer und mißt nach der Hydrierung den Gehalt an radioaktivem Nickel sowie außerdem den Totalgehalt an Nickel. Hier stellte sich heraus, daß nur ein winziger Bruchteil des Ni-Gehaltes aus dem Katalysator stammte, daß also der eventuell gesundheitsschädliche Nickelgehalt an anderer Stelle in das Endprodukt gelangt sein mußte.

Besonders erfolgreich sind Tracer-Methoden in den letzten 10 Jahren innerhalb der *Biochemie* verwendet worden. Hierzu war die Herstellung markierter organische Moleküle notwendig, über die im Abschnitt VIII berichtet wird.

In der Chemie sind Anwendungen von Tracern bereits derart häufig, daß der Inhalt dieses Buches bald zum allgemeinen Rüstzeug jedes Chemikers gehören dürfte.

Es gibt ferner eine Unzahl von Tracer-Anwendungen, die mit chemischen Problemen nichts zu tun haben, wie die Messung des Durchsatzes von Apparaturen, der Wirksamkeit von Mischern, der Wirksamkeit von Absaugsystemen, sowie auch die Lecksuche in Vakuumsystemen. Alle diese Anwendungen benutzen die leichte Meßbarkeit geringer Mengen an radioaktiver Substanz.

69. Isotopenaustausch

Von allergrößter Wichtigkeit ist bei allen Tracer-Methoden, daß das Markierungsatom während des geplanten Experiments auch wirklich an seiner Stelle im Molekül sitzen bleibt. Dies ist keineswegs sicher, wie man am Beispiel der Auflösung von Essigsäure in deuteriertem Wasser, D_2O, sofort einsieht. Da Essigsäure eine Dissoziationskonstante von $1{,}75 \cdot 10^{-5}$ besitzt, sind zwar die allermeisten CH_3COOH-Moleküle undissoziiert vorhanden. Da aber dies Dissoziationsgleichgewicht ein dynamisches ist, das überdies vom Dissoziationsgleichgewicht des Wassers überlagert ist, werden sich nach einiger Zeit sehr viele CH_3COOD-Moleküle vorfinden, sowie auch Wassermoleküle mit den Formeln HDO, H_2O und D_2O. Man erkennt ferner, daß die drei H-Atome der Methylgruppe von diesem „Isotopenaustausch" weit weniger erfaßt werden, weil sie nicht an den Dissoziationsgleichgewichten teilnehmen.

Die Kenntnis der Geschwindigkeit solcher Austauschreaktionen ist bei allen Untersuchungen äußerst wichtig, bei welchen Markierungsatome verwendet werden. Will man z.B. den Mechanismus der Zersetzung von H_2O_2 untersuchen, das mit ^{18}O markiert ist, so muß die Geschwindigkeit des Austausches des H_2O_2 mit dem produzierten O_2 und auch diejenige beider Stoffe mit dem als Lösungsmittel dienenden Wasser bekannt sein. Der Austausch sollte während der Versuchsdauer vernachlässigbar sein. Dies muß aber belegt werden!

70. Definition einer Austausch-Reaktion

Eine Austausch-Reaktion liegt dann vor, wenn in dem betrachteten System Atome eines bestimmten Elementes in zwei (oder mehr) chemischen Formen vorhanden sind und zwischen diesen Formen ausgewechselt werden. Eine typische Reaktion dieser Art ist

$$[Fe(phen)_3]^{2+} + \overset{*}{F}e^{2+} \rightleftharpoons [\overset{*}{F}e(phen)_3]^{2+} + Fe^{2+} .$$

Das Sternchen deutet (radioaktive) Markierung an, „phen" ist Abkürzung für 1,10-Phenanthrolin. Beim Vermischen einer $\overset{*}{F}e^{2+}$-Lösung mit einer nicht markierten $[Fe(phen)_3]^{2+}$-Lösung verschwinden also die radioaktiven $\overset{*}{F}e$-Atome zum Teil im Laufe der Zeit aus der Fe^{2+}-Form und tauchen in Form von $[\overset{*}{F}e(phen)_3]^{2+}$ wieder auf.

Der allgemeine Typ einer Austauschreaktion läßt sich durch die Gleichung

$$AX + B\overset{*}{X} \rightleftharpoons A\overset{*}{X} + BX$$

kennzeichnen. Zum Unterschied von chemischen Umsetzungen stehen hier auf beiden Seiten der Reaktionsgleichung die gleichen Molekülsorten. AX und $A\overset{*}{X}$ sind die gleichen Moleküle und nur dadurch unterschieden, daß $\overset{*}{X}$ ein anderes (ggf. radioaktives) Isotop des Elementex X darstellt. Das Reaktionsverhalten von AX und $A\overset{*}{X}$ ist (bis auf die sogenannten „Isotopeneffekte") völlig gleich, da beide die gleiche Elektronenhülle besitzen, die ja für die chemischen Eigenschaften maßgebend ist.

71. Triebkraft der Reaktion

Bei Isotopenaustausch-Reaktionen tritt also kein chemischer Umsatz ein. Aus diesem Grunde wird auch keine Wärmetönung beobachtet. Die Triebkraft der Austauschreaktion, die die beobachtbare Verschiebung der Isotopenverteilung bewirkt, muß also in einer Vergrößerung der Entropie des reagierenden Systems liegen.

Daraus ist auch sofort die Gleichgewichtsbedingung formulierbar: *Gleichgewicht* ist erreicht, wenn in den vorhandenen A-Molekülen und auch in den vorhandenen B-Molekülen der gleiche Prozentsatz an Markierungsatomen vorliegt.

Natürlich tritt dieser Austausch auch dann ein, wenn man keine Markierungsatome zugesetzt hat. Letztere bilden nur das Hilfsmittel, das den Austausch beobachtbar macht. Es wird also immer nur derjenige Teil der Austauschakte durch die Messung erfaßt, der mit markierten Atomen vor sich geht.

72. Typen von Austauschreaktionen

Die Geschwindigkeit des Ablaufes solcher Austauschreaktionen unterliegt den allgemeinen Gesetzen der Reaktionskinetik. Sie hängt also wesentlich davon ab, über welche Zwischenstufen der Austausch abläuft und welche von ihnen die langsamste ist. Außer dem Mechanismus spielen auch die Konzentrationen der Komponenten eine geschwindigkeitsbestimmende Rolle.

Wie bei chemischen Umsetzungen sind auch bei Austauschreaktionen homogene und heterogene Systeme jeweils anderen Gesetzen unterworfen. Hinzu kommt, daß man „einfache" von „komplexen" Austauschreaktionen unterscheiden muß. Bei einer „einfachen" Austauschreaktion liegt im Molekül jeder Komponente nur ein einziges Atom vor, das zwischen den Partnern ausgetauscht werden kann, wie z.B. das Cl-Atom im System

Chlorbenzol + Propylchlorid.

Bei „komplexen" Reaktionen enthält mindestens eine der Komponenten mehrere strukturell gleichartige Atome, wie im System

$$CCl_4 + C_2H_5Cl,$$

oder aber mehrere strukturell unterschiedliche Atome des gleichen Elementes, wie im System

Thiosulfat-Ion + Sulfit-Ion.

Für homogene, einfache Isotopenaustauschreaktionen gelten besonders einfache Gesetze, die hier zuerst behandelt werden sollen.

Für heterogene Reaktionen ist ein generell gültiges Gesetz nicht zu erwarten, weil bei ihnen auch Transporteffekte die Geschwindigkeit der Reaktion regeln.

73. Kenngrößen eines reagierenden Systems

Bei Austauschreaktionen des Typs

$$AX + BX^* \leftrightharpoons AX^* + BX \qquad (55)$$

wird als Meßgröße ein Ausdruck erhalten, der z.B. primär als $\frac{\text{Zählrate}}{\text{Gramm AX}}$ gegeben ist. Man muß dann auf $\frac{\text{Aktivität}}{\text{Gramm AX}}$ korrigieren, um dann umrechnen zu können auf

$$\frac{\text{Aktivmole AX}}{\text{Gesamtmole AX}} \equiv S_A \quad (\textit{Aktivitätsgrad})$$

Diese Größe wird als *Aktivitätsgrad* der A-Moleküle bezeichnet. Sie ist dimensionslos und kann Werte zwischen 0 und 1 annehmen.

Im homogenen System läßt sich S_A auch durch Konzentrationen ausdrücken. Es sei

a = Gesamtmole AX (pro Volumeinheit)
b = Gesamtmole BX (pro Volumeinheit)
x_A = radioaktive Mole von AX* (pro Volumeinheit)
x_B = radioaktive Mole von BX* (pro Volumeinheit)

Dann läßt sich der Aktivitätsgrad S schreiben als

$$S_A = \frac{x_A}{a} \text{ und analog } S_B = \frac{x_B}{b} .$$

Der Zustand des Systems läßt sich nun beschreiben durch die zur Zeit t noch vorhandene Abweichung vom Gleichgewichtszustand. *Gleichgewicht ist vorhanden, wenn der Aktivitätsgrad von A gleich demjenigen von B* geworden ist. Dies wird sicherlich nach unendlich langer Zeit (Index ∞) erreicht sein:

$$S_{A\infty} = S_{B\infty}, \quad \text{d.h.} \quad \frac{x_{A\infty}}{x_{B\infty}} = \frac{a}{b} .$$

Von den zu Beginn der Reaktion vorhandenen Aktivitätsgraden S_{Ao} bzw. S_{Bo} kann man einen, z.B. S_{Ao}, gleich Null wählen, falls zur Markierung radioaktive Isotope verwendet werden. Bei stabilen Isotopen als Markierung geht das häufig nicht, da diese oft nur in angereicherter Form, nicht aber rein erhältlich sind und in der anderen nicht markierten Molekülart grundsätzlich auch von Natur aus vorhanden sind.

Die anfangs vorliegende Abweichung $S_{A\infty} - S_{Ao}$ des Aktivitätsgrades der A-Moleküle vom Gleichgewichtswert ist die größte, die überhaupt auftreten kann. Nach Ablauf einer Reaktionszeit t wird sie $S_A - S_{Ao}$ betragen. Dieser Wert ist immer ein Bruchteil der Höchstabweichung $S_{A\infty} - S_{Ao}$, und daher ist dieser Bruchteil, der als *Austauschgrad* F des Systems zur Zeit t bezeichnet wird, zur Kennzeichnung der zeitlichen Veränderung des Systems gut geeignet:

$$F \equiv \frac{S_A - S_{Ao}}{S_{A\infty} - S_{Ao}} \quad (\textit{Austauschgrad}).$$

Eine analoge Beziehung läßt sich auch für die Komponente B hinschreiben:

$$F \equiv \frac{S_B - S_{Bo}}{S_{B\infty} - S_{Bo}} .$$

Beide Ausdrücke haben für ein gegebenes System den gleichen Zahlenwert!

Gemäß der Definition des Aktivitätsgrades S läßt sich der Austauschgrad F auch durch die Konzentrationen ausdrücken:

$$F = \frac{x_A - x_{Ao}}{x_{A\infty} - x_{Ao}} = \frac{x_B - x_{Bo}}{x_{B\infty} - x_{Bo}} .$$

74. Gesetz für einfachen, homogenen Isotopenaustausch

Im Prinzip mißt man experimentell immer den Austauschgrad F nach verschiedenen Reaktionszeiten t. Für homogene Systeme kann man nun relativ leicht eine allgemein gültige Beziehung zwischen F und t ableiten. Diese knüpft an die Vorstellungen der allgemeinen Reaktionskinetik an. Zwei Partner können nur dann zur Reaktion kommen, wenn sie in räumliche Nachbarschaft geraten. Hierzu liefert die thermische Bewegung der Moleküle die einfachste Möglichkeit. Die Zahl der thermischen Stöße derjenigen beiden Molekülarten, die die eine Reaktionsrichtung („Hinreaktion") fördern, muß daher die Bildungsgeschwindigkeit des einen Reaktionsp r o d u k t e s (z.B. AX^*) bestimmen, während diejenige Stoßzahl, durch die die Rückreaktion ausgelöst werden kann, gleichzeitig wieder einen Verlust dieses Reaktionsproduktes bewirkt.

In der Reaktion (55) wird die Bildungsgeschwindigkeit von AX^* nämlich dx_A/dt, proportional sein den Konzentrationen der links stehenden Ausgangsstoffe, also

$$\left(\frac{dx_A}{dt}\right)_{hin} = R_1 \cdot (a - x_A) \cdot x_B \ .$$

Die Verluste von AX^* durch die Rückreaktion sind analog gegeben zu

$$\left(\frac{dx_A}{dt}\right)_{rück} = R_1 \cdot x_A \cdot (b - x_B) \ .$$

Der Proportionalitätsfaktor R_1 muß für beide Reaktionsrichtungen identisch sein, da im Falle einer Austauschreaktion an der Hinreaktion die g l e i c h e n Molekülarten AX und BX teilnehmen wie an der Rückreaktion. Im allgemeinen Fall chemischer Umsetzungen, bei denen Produkte entstehen, die sich durch Atomzahl und -anordnung von den Ausgangsstoffen unterscheiden, t ifft dies nicht zu!

Die experimentell m e ß b a r e Brutto-Bildungsrate der Moleküle AX^* ergibt sich durch Subtraktion der beiden obigen Gleichungen zu

$$\frac{dx_A}{dt} = \left(\frac{dx_A}{dt}\right)_{hin} - \left(\frac{dx_A}{dt}\right)_{rück} = R_1 \cdot [(a - x_A) \cdot x_B - x_A \cdot (b - x_B)]$$

oder

$$\frac{dx_A}{dt} = R_1 \cdot (a \cdot x_B - b \cdot x_A) \ . \qquad (56)$$

R_1 ist also ein Maß für die Geschwindigkeit, mit der die experimentell m e ß - b a r e Austauschreaktion abläuft.

Tatsächlich laufen nun aber im reagierenden System auch weitere n i c h t meßbare Austauschakte ab, nämlich immer dann, wenn ü b e r h a u p t A- und B-Moleküle zusammenstoßen, ohne Rücksicht auf ihre Markierung. Die Zahl dieser Stöße, die A und B in Kontakt bringen, ist proportional dem Produkt $a \cdot b$ der G e s a m tkonzentrationen, und die Zahl der „erfolgreichen" (A,B)-Stöße, die wirklich zu einer Auswechslung des X-Atoms von B nach A führt, muß durch den gleichen Proportionalitätsfaktor R_1 wie oben in Gl. (56) beschrieben werden, da es sich um dieselben Molekülarten AX und BX handelt. Infolgedessen ist die pro Zeiteinheit im System auftretende G e s a m tzahl der Austauschakte gegeben durch $R_1 \cdot a \cdot b$.

Nur in einem einzigen Grenzfall der Versuchsbedingungen erfaßt die experimentell meßbare Bildungsgeschwindigkeit von markierten A-Molekülen alle (A,B)-Stöße, nämlich am Beginn einer Austauschreaktion, bei der sämtliche B-Moleküle markiert sind ($x_B = b$) und sämtliche A-Moleküle als nicht markiert ($x_A = 0$) vorliegen. Unter diesen Bedingungen führt jeder erfolgreiche (A,B)-Stoß zur Bildung markierter A-Moleküle und ist daher meßbar. Wendet man auf Gl. (56) diese Bedingungen an, nämlich $x_B = b$ und $x_A = 0$, so folgt

$$\left(\frac{dx_A}{dt}\right)_{\substack{x_A = 0\\ x_B = b}} = R_1 \cdot a \cdot b\ (\equiv R)$$

in Übereinstimmung mit der obigen Überlegung. Die Größe R, die als *Austauschkonstante* (oder auch „Austauschrate") bezeichnet wird, stellt also die Gesamtheit der in der Zeiteinheit je Volumeinheit austauschenden A-Moleküle (oder Mole) *ohne Rücksicht auf eine Markierung* dar. Sie ist daher für die betreffende Austauschreaktion (unter den gegebenen Versuchsbedingungen von Temperatur und Gesamtkonzentrationen a bzw. b) charakteristisch. Sie wäre direkt meßtechnisch zugänglich in dem oben genannten Grenzfall. Um die Austauschkonstante R auch aus beliebig durchgeführten Markierungsexperimenten berechnen zu können, muß Gl. (56) integriert werden.

Führt man in Gl. (56) die Austauschkonstante $R = R_1 \cdot a \cdot b$ an Stelle von R_1 ein, so erhält man

$$\frac{dx_A}{dt} = R \cdot \left(\frac{x_B}{b} - \frac{x_A}{a}\right). \tag{57}$$

Zwecks Integration dieser Gleichung muß noch x_B eliminiert werden. Dies gelingt durch Benutzung zweier weiterer, allgemein gültiger Beziehungen. Einmal muß die Summe aller im System vorhandenen Markierungsatome zu jeder Zeit die gleiche bleiben, d.h. es muß auch gelten

$$x_A + x_B = x_{A\infty} + x_{B\infty} \quad (\textit{Materialbilanz}) \tag{58}$$

Diese Gleichung ist exakt richtig, falls zur Markierung stabile Atome benutzt werden. Bei radioaktiven Isotopen muß natürlich erst die Zerfallskorrektion angebracht werden.

Die zweite Beziehung ist die Gleichgewichtsbedingung, daß nämlich für $t = \infty$ die Aktivitätsgrade von A und B gleich geworden sein müssen, da dann das Maximum der Entropie erreicht ist:

$$\frac{x_{A\infty}}{a} = \frac{x_{B\infty}}{b} \quad (\textit{Gleichgewichtsbedingung}) \tag{59}$$

Eliminieren von $x_{B\infty}$ aus Gl. (58) mittels Gl. (59) und nachfolgendes Einsetzen von x_B aus (58) in (57) ergibt dann

$$\frac{dx_A}{a} = R \cdot \frac{a+b}{ab} \cdot (x_{A\infty} - x_A). \tag{60}$$

Durch Trennung der Variablen

$$\frac{dx_A}{x_{A\infty} - x_A} = R \cdot \frac{a+b}{ab} \cdot dt$$

und Integration erhält man als Lösung dieser Differentialgleichung

$$-\ln(x_{A\infty} - x_A) = R \cdot \frac{a+b}{ab} \cdot t + \text{const.}\ . \tag{61}$$

Die Konstante folgt, wenn man als Anfangsbedingung festsetzt

$$\text{bei } t = 0 \text{ sei } x_A = x_{Ao}\ .$$

Dann ist aus (61)

$$-\ln(x_{A\infty} - x_{Ao}) = \text{const.}$$

der Wert dieser Konstanten. Durch Einsetzen in (61) folgt damit

$$+\ln\left(\frac{x_{A\infty} - x_{Ao}}{x_{A\infty} - x_A}\right) = R \cdot \frac{a+b}{ab} \cdot t\ .$$

Nun ist aber nach der Definitionsgleichung des Austauschgrades F

$$\frac{x_\infty - x}{x_\infty - x_o} = 1 - F\ .$$

Durch Einsetzen ergibt sich also

$$-\ln(1 - F) = R \cdot \frac{a+b}{ab} \cdot t \tag{62}$$

als das allgemeine Gesetz, das in homogenen Systemen die Zeit-Abhängigkeit des Austauschgrades F beschreibt. Übergang zu gewöhnlichen Logarithmen liefert

$$-\log(1 - F) = 0{,}4343 \cdot R \cdot \frac{a+b}{ab} \cdot t\ .$$

Trägt man also log(1 - F) gegen die Reaktionszeit t auf, so ergibt sich eine Gerade. Aus ihrem Steigungsfaktor ergibt sich die Austauschkonstante R.

log(1 - F) ist zu Beginn (t = 0) der Reaktion gleich Null, da dann F = 0 ist. Im Laufe der Reaktion wächst F schließlich bis zum Wert 1. Also besitzt log(1 - F) nur negative Werte. Die Darstellung von Meßresultaten hat also die in Figur 28 gezeigte Form.

75. Bestimmung von x_∞

Benutzt man die Zählrate des nach verschiedenen Zeiten abgetrennten A zur Angabe des Austauschgrades F, und ist ferner das Experiment mit anfänglich nicht markiertem A begonnen worden ($x_{Ao}= 0$), so ist für die Berechnung von $F = x_A/x_{A\infty}$ der Zahlenwert von $x_{A\infty}$ nötig. Experimentell läßt sich $x_{A\infty}$ nur bei Vorliegen von relativ schnell ablaufenden Reaktionen durch einfaches Abwarten bestimmen. Im Fall sehr langsamer Austauschvorgänge kann man $x_{A\infty}$ nur rechnerisch auf folgende Weise ermitteln: Zunächst folgt aus der Materialbilanz der Gl. (58) mit $x_{Ao} = 0$

$$x_{Bo} = x_{A\infty} = x_{B\infty} , \qquad (63)$$

da bei Versuchsbeginn alle Markierungsatome in der Größe x_{Bo} enthalten sein müssen.

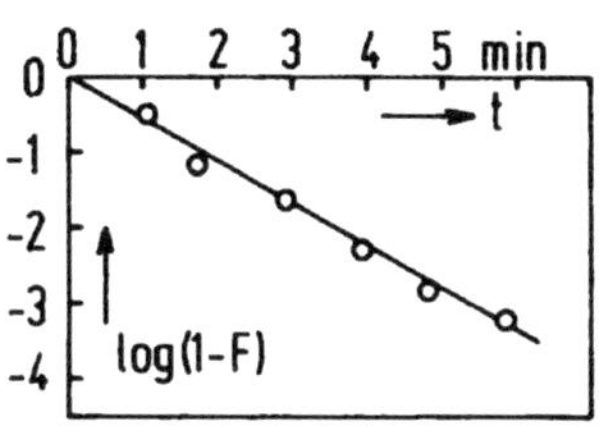

Fig. 28. Zeitliche Abhängigkeit des Austauschgrades F

Man erkennt hier, daß die Größen x_A und x_B wirklich auf Aktivitätsgrade umgerechnet werden müssen. Die Korrektion der Zählraten bei Messung von A und von B kann nämlich verschieden ausfallen, da das gezählte Präparat aus unterschiedlichem Material besteht. Selbst wenn später alle Meßpunkte mit der Substanz A aufgenommen werden, so ist an dieser Stelle bei Bestimmung von x_{Bo} die Substanz B das zu zählende Präparat!

Außer (63) wird noch die Gleichgewichtsbedingung herangezogen

$$x_{A\infty}/a = x_{B\infty}/b . \qquad (59)$$

Elimination von $x_{B\infty}$ aus (59) und (63) gibt dann

$$x_{A\infty} = x_{B\infty} \cdot \frac{a}{a+b} .$$

Erst mit dieser Beziehung kann man zu jedem Meßwert den Austauschgrad F berechnen und dann die Meßpunkte nach Art der Figur 28 darstellen.

Die eine Messung von x_o an einem Präparat des Stoffes B kann man nur dann einsparen, wenn man voraussetzt, daß es sich um eine einfache, homogene Austauschreaktion handelt. Unter dieser Annahme gilt nämlich für jedes Meßwertepaar (t, x_t) die allgemeine Gleichung (62), die man schreiben kann

$$R \cdot t = -k \cdot \log(1 - \frac{x_t}{x_\infty})$$

mit konstantem R und k. Es müßte also jedes Meßwertepaar für den Ausdruck

$$K \equiv -\frac{R}{k} = \frac{1}{t} \cdot \log(1 - \frac{x_t}{x_\infty})$$

den g l e i c h e n Wert K ergeben. Wegen der unvermeidlichen Meßfehler liegen die K-Werte jedoch um einen wahrscheinlichsten Mittelwert $\overline{K} = \frac{1}{n} \Sigma K_i$ verstreut.

Das Ausmaß der Streuung sowie der Zahlenwert von $\overline{K}$ hängen indessen noch von dem für x_∞ gewählten Wert ab. Der r i c h t i g e Wert von x_∞, der hier bestimmt werden soll, wird derjenige sein, für den die Summe der Abweichungsquadrate der K_i ein Minimum wird. Da nun aber mit dem angenommenen x_∞ auch $\overline{K}$ seinen Absolutwert ändert, muß man die r e l a t i v e n Abweichungen benutzen. Man sucht also durch Probieren dasjenige x_∞, für welches die Größe

$$\Sigma(\frac{\overline{K} - K_i}{\overline{K}})^2 = \text{Minimum}$$

wird.

Im Beispiel auf S.117 findet man nach diesem Rechenverfahren den in der Tabelle angeführten Wert $x_\infty = 2170$. Die gleiche Zahl wurde (zufällig!) auch durch Analyse der Gleichgewichtsmischung erhalten, die in diesem Fall ausführbar war.

Mit dem x_∞ ist nun auch R (aus $\overline{K}$) bekannt. Die nachträgliche graphische Darstellung nach Fig. 28 ist jedoch immer empfehlenswert, da an ihr systematische Abweichungen der Meßwerte von der gerechneten Geraden am schnellsten erkennbar sind.

Als Beispiel sei der *Austausch zwischen Thiosulfation und Sulfition* näher behandelt. Beide Ionen können den Austausch durch Übergang des Außen-Schwefelatoms vom Thiosulfat nach dem Schema

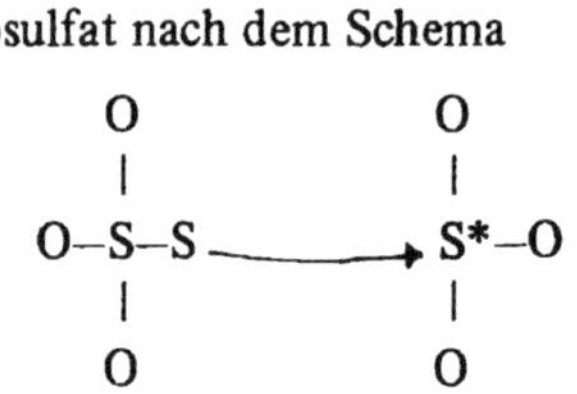

vollziehen. Falls anfangs das Sulfit markiert ist, entsteht also im Laufe der Zeit markiertes Thiosulfat.

Zur Herstellung markierten Sulfits wird elementarer Schwefel mit thermischen Neutronen bestrahlt, wobei unter anderem ^{35}S entsteht. Zwecks Reinigung wird der bestrahlte Schwefel 10 Stunden auf 100° erhitzt. Dabei bildet sich λ-Schwefel, der in Toluol löslich ist. Die Toluol-Lösung wird zentrifugiert und aus der überstehenden Lösung gereinigter Schwefel kristallisiert. 10 mg davon werden im O_2-Strom zu SO_2 verbrannt und das $\overset{*}{S}O_2$ zunächst zur Entfernung nicht durchreagierter Schwefelreste durch Toluol geleitet und dann in 3m NaOH absorbiert. Die Sulfitlösung ist mehrere Wochen beständig (*Ames* u. *Willard*, 1951).

Man mischt nun mit Thiosulfatlösung und entnimmt nach Intervallen von je T = 4 min eine Probe. Aus dieser wird das Thiosulfat als $[Ni(en)_3]S_2O_3$ gefällt, die Fällung mit konz. HCl zersetzt, das dabei entwickelte SO_2 in NaOH aufgenommen und mit Na_2O_2 zu Sulfat oxydiert. Dann fällt man als $BaSO_4$ und mißt die Aktivität, die als Zählrate pro Gramm $BaSO_4$ angegeben wird. Da ^{35}S eine β-Strahlung von nur geringer Energie (E_β= 0,167 MeV) aussendet, muß für Selbstabsorption korrigiert werden.

Eine solche Meßreihe zeigt die folgende Tabelle.

t [min]	x_t [ipm/g $BaSO_4$]
10	602
14	812
18	1055
22	1261
26	1403
30	1458
34	1495
38	1576
42	1616
∞	2170

Die Zahlen wurden auf den vorigen Seiten schon zur Berechnung des Gleichgewichtswertes benutzt.

Die Literatur über Gesetzmäßigkeiten bei Austauschreaktionen ist äußerst umfangreich. Praktisch alle Resultate der Reaktionskinetik benutzen Ergebnisse aus Austauschreaktionen.

Hier kann deswegen nur noch auf ein grundlegendes Ergebnis hingewiesen werden. Durch Austauschreaktionen sind Untersuchungen von Reaktionsgeschwindigkeiten *bei währendem Gleichgewicht* möglich geworden. Dabei hat sich die Vorstellung eindeutig bestätigen lassen, daß die thermodynamische Gleichgewichtskonstante durch das Verhältnis aus den Geschwindigkeiten von Hin- und Rückreaktion gegeben ist.

76. Methode der Isotopenverdünnung

Dies wegen seiner Flexibilität äußerst wertvolle Verfahren (*Hevesy*, 1932) läßt sich am besten an einem Beispiel erläutern. Man erkennt dann sofort den

Grundgedanken, der eine Ausbeutebestimmung auch in solchen Fällen ermöglicht, in denen einerseits die reine und quantitative Abscheidung eines Stoffes wegen ungünstiger Löslichkeitsverhältnisse nicht erreicht werden kann und andererseits eine trägerfreie (und damit gewichtslose) Markierungslösung nicht verfügbar ist.

Wir wählen als Beispiel die Bestimmung von Kalium als $KClO_4$. Benötigt wird als radioaktives Material eine Lösung, die aktives Kalium in chemisch reiner Form, z.B. als KCl enthält. Folgende Schritte sind durchzuführen:

1. Man bestimmt den Kalium-Gehalt der reinen Lösung (entweder durch Eindampfen oder durch Cl-Bestimmung). Das Ergebnis sei

$$a^* \frac{\text{Gramm K}}{\text{ml Lösung}} .$$

Das Sternchen soll andeuten, daß es sich um radioaktives Material handelt.

2. Man fällt aus einer beliebigen Menge dieser Lösung $KClO_4$, wiegt den Niederschlag und mißt die Impulsrate. Daraus errechnet sich für die Impulsrate der Mengeneinheit der Wert

$$S_A \quad \frac{\text{ipm}}{\text{Gramm } KClO_4} .$$

3. Die (inaktive) Probelösung, deren K-Gehalt bestimmt werden soll, wird nun mit einer genau abgemessenen Menge der Aktivlösung (z.B. 1 ml, entsprechend a* Gramm K) versetzt.

Wenn die Probelösung x Gramm Kalium enthält, so sind jetzt in dem Gemisch x + a* Gramm Kalium vorhanden.

4. Aus dieser Mischlösung fällt man jetzt reines $KClO_4$ (mehrfals umfällen, da es auf Vollständigkeit nicht ankommt!), wiegt den Niederschlag und mißt die Impulsrate. Jetzt erhält man als Impulsrate der Mengeneinheit einen Wert

$$S_E \quad \frac{\text{ipm}}{\text{Gramm } KClO_4} .$$

5. Berechnung von x:

S_E *darf nur denjenigen Bruchteil von* S_A *ausmachen, den das Kalium aus der Aktivlösung zum Gesamt-Kalium der Mischlösung beiträgt.* Nach den obigen Bezeichnungen ist dieser Bruchteil gegeben durch $a^*/(x + a^*)$. Also muß gelten

$$S_E = S_A \cdot \frac{a^*}{x + a^*} , \quad \text{woraus folgt}$$

$$x = a^* \cdot \frac{S_A - S_E}{S_E} . \qquad (64)$$

Aus dieser Beziehung erkennt man, daß der Fehler des Wertes x im wesentlichen durch den Fehler der Differenz $S_A - S_E$ bedingt ist. Also dürfen S_A und S_E nicht zu eng aneinander liegen, d.h., x darf im Vergleich zu a* nicht beliebig klein sein. Der Bereich der bestimmbaren x-Werte hängt aber auch davon ab, wie klein a* gemacht werden kann, damit in S_A die Impulszählung *und die Wägung* noch mit hinreichender Genauigkeit durchführbar sind.

77. Inverse Isotopenverdünnung

Man kann das Verfahren der Isotopenverdünnung auch zur Bestimmung des *Gehaltes aktiver Lösungen* verwenden, wobei dann eine bekannte Menge inaktiven Materials zu einer aktiven Lösung unbekannten Gehaltes zugefügt wird.

Eine erste Abtrennung des zu bestimmenden Elements wird direkt mit einem aliquoten Teil der unbekannten Aktivlösung durchgeführt, die abgetrennte Verbindung gewogen und die Impulsrate des festen Präparates gemessen. Aus diesen Daten erhält man eine Impulsrate pro Mengeneinheit S_A, zu welcher die unbekannte Menge x* des Elements in der Aktivlösung beiträgt.

Eine zweite Abtrennung, Wägung und Impulsratenmessung wird mit einem anderen aliquoten Teil der aktiven Lösung *nach Zusatz einer bekannten Menge* a inaktiven Materials durchgeführt. Die dabei erhaltene Impulsrate pro Mengeneinheit S_E muß denjenigen Bruchteil von S_A betragen, der von der Gesamtmenge x* + a auf den aktiven Anteil x* entfällt. Also muß sein

$$S_E = S_A \cdot \frac{x^*}{x^* + a} \quad \text{oder}$$

$$x^* = a \cdot \frac{S_E}{S_A - S_E}\,, \tag{65}$$

womit x* bekannt ist.

Man könnte zwecks Bestimmung von Kalium als $KClO_4$ nach dem obigen Beispiel (S.118) also auch statt Schritt 1 die Methode der inversen Isotopenverdünnung zur Gehaltsbestimmung der aktiven Kalium-Lösung benutzen. Dann ist nur eine inaktive, reine KCl-Lösung bekannten Gehaltes als Ausgangslösung erforderlich. Da reinstes KCl leicht erhältlich ist, kann dies Vorgehen bei Kauf einer aktiven K-haltigen Lösung unbekannten Gesamt-Kaliumgehaltes vorteilhaft sein.

78. Doppelte Isotopenverdünnung

Wenn es nicht möglich sein sollte, die erste Abtrennung ohne inaktiven Zusatz auszuführen, z.B. wegen Nichterreichen des Löslichkeitsprodukts, kann man nach *Bloch* und *Anker* (1948) die inverse Isotopenverdünnung zweimal mit jeweils unterschiedlichem inaktiven Zusatz a bzw. a' durchführen, wobei dann verschiedene Werte S_E bzw. S'_E erhalten werden. Aus den beiden dann geltenden, zu (65) analogen Gleichungen

$$x^* = a \cdot \frac{S_E}{S_A - S_E} \quad \text{und} \quad x^* = a' \cdot \frac{S'_E}{S_A - S'_E}$$

läßt sich dann das der Messung nicht zugängliche S_A eliminieren, und man berechnet die Unbekannte x^* aus

$$x^* = \frac{a \cdot S_E - a' \cdot S'_E}{S'_E - S_E} .$$

79. Radiometrische Analyse

Es ist naheliegend, auch bei üblichen Analysenverfahren radioaktiv markierte Reagenzien zu benutzen. Bei *gravimetrischen* Verfahren wird dabei die Wägung durch die Strahlungsmessung ersetzt. Die Genauigkeit der Resultate wird dadurch zwar nicht verbessert. Jedoch ist es möglich, infolge der hohen Empfindlichkeit der Strahlungsmessung die Verfahren auch auf sonst unzugängliche, kleinere Gewichtsmengen mit Erfolg anzuwenden.

Als Beispiel sei die *Bestimmung von Mg-Spurengehalten* erwähnt. Man benutzt zur Fällung von Magnesiumphosphat eine Lösung von ^{32}P-markiertem Na_2HPO_4. Als Träger für diese Fällung wird ein Niederschlag aus inaktivem Magnesiumammoniumphosphat benutzt. Man trennt die feste Phase ab und mißt die ^{32}P-Aktivität, die direkt auf den Mg-Gehalt umgerechnet werden kann.

Eine andere Möglichkeit zur Anwendung radioaktiver Reagenzien bietet sich bei *Fällungs-Titrationen* besonders dann, wenn ein guter Endpunktsindikator nicht bekannt ist. Man mißt dabei nach portionsweisem Zusatz die Impulsrate der jeweils überstehenden Lösung, die durch eine Fritte hindurch z.B. in einen Flüssigkeitsdetektor angesaugt und nach der Messung wieder zurückgedrückt wird. Die Impulsrate steigt erst nach Erreichen des Äquivalenzpunktes linear an.

Ein weiterer Typ radiometrischer Analysen ist die Wasserbestimmung unter Verwendung von Cl-markiertem $AlCl_3$. Die sich entwickelnde aktive Salzsäure wird in Wasser aufgefangen und die Impulsrate gemessen.

Ferner kann radioaktives ^{131}J zur Bestimmung von Doppelbindungen oder Radikalen in organischen Substanzen benutzt werden.

Man kann fast jedes Analysenverfahren in analoger Weise modifizieren. Häufig ist dadurch mindestens eine Zeitersparnis erreichbar.

80. Prinzip, Vorteile und Grenzen der Aktivierungsanalyse

Die technische Entwicklung der Energieerzeugung durch Kernspaltung hat die weite Verbreitung einer äußerst wichtigen analytischen Anwendung ermöglicht, nämlich die Analyse von Substanzen durch Aktivierung. Hierunter wird verstanden die Erzeugung radioaktiver, also instabiler Nuklide aus den in der Analysensubstanz vorhandenen stabilen (oder instabilen) Atomkern-Arten. Jedes dieser Radionuklide ist durch seine Strahlungseigenschaften (Art und Energie der Strahlung, Halbwertzeit) charakterisierbar und infolge der bekannten Nachweisbarkeit selbst einzelner solcher Zerfallsakte (z.B. in der *Wilson*-schen Nebelkammer) mit hoher Empfindlichkeit feststellbar.

Eine solche Aktivierungsanalyse besteht also aus mindestens zwei Hauptschritten, nämlich der Aktivierung der Probe und der Messung der dadurch erzeugten Strahlung.

Eine *Vorbehandlung* der Analysenprobe unterliegt den gleichen Vorschriften, wie sie bei chemischen Analysen üblich sind, und soll deswegen nicht näher behandelt werden, obwohl dies für die Zeitdauer der Analyse der geschwindigkeitsbestimmende Schritt sein kann.

Zwischen Bestrahlung und Strahlungsmessung muß häufig noch eine chemische Behandlung eingeschoben werden, nämlich dann, wenn infolge der Anwesenheit störender Strahler die Strahlungsmessung keine eindeutige Zuordnung erlaubt. Dies bedeutet einmal einen erhöhten Zeitaufwand für die Analyse und gleichzeitig den Verzicht auf die Ausnutzung der Strahlung kurzlebiger Radionuklide. Infolge dieses Dilemmas wird die Entwicklung schnell durchführbarer chemischer Trennoperationen angestrebt.

Ferner ist für die Ausarbeitung eines Analysenganges aber auch der Zweck der beabsichtigten Analyse maßgebend. Falls es um höchste Empfindlichkeit und Genauigkeit geht, wird man einen erheblichen Zeitaufwand in Kauf nehmen, der erst mehrere Wochen später ein Ergebnis zeitigt. Falls es sich jedoch um

Routineanalysen, z.B. den Fall einer Kontrolle eines chemischen Fabrikationsprozesses handelt, wird man auf schnelle Durchführung der Analyse, möglichst in wenigen Minuten, unbedingt Wert legen müssen.

Eine Anzahl von *Vorzügen* hebt die aktivierungsanalytischen Methoden aus den übrigen Analysenmethoden heraus:

1. Die *Empfindlichkeit* ist für fast alle Elemente *sehr günstig,* in einigen Fällen die höchst erreichbare überhaupt.
2. Häufig sind *zerstörungsfreie* Analysen möglich.
3. Auch beim zerstörungsfreien Arbeiten sind meist *mehrere Elemente* in der gleichen Probe bestimmbar.
4. Die Methode ist völlig *frei von Blindwerten,* die durch Verwendung unsauberer Reagenzien hervorgerufen werden könnten.
5. Auch bei chemischen Abtrennungen zur Bestimmung von Spurengehalten braucht man nicht mit mikrochemischen Verfahren zu arbeiten.

Auch die Grenzen aktivierungsanalytischer Methoden lassen sich aus dem Prinzip des Verfahrens sofort angeben. Da als Nachweis die Eigenschaften von Atomk e r n e n benutzt werden, läßt sich niemals eine Aussage machen, in welcher chemischen Verbindungsform das betreffende Atom vorliegt. Daher liegt z.B. die Analyse der in einem Parfum vorhandenen aetherischen Öle außerhalb des Bereichs einer Aktivierungsanalyse.

Allerdings kann man zusätzlich zu den Möglichkeiten der meisten anderen Analysenverfahren auch *Isotopenzusammensetzungen* bestimmen. Dem sind jedoch durch die erreichbare Genauigkeit Grenzen gesetzt. Nahe der Nachweisgrenze liegt die Hauptfehlerquelle von Aktivierungsanalysen in der Schwankung der Meßergebnisse infolge des statistischen Charakters der Kernzerfälle. Dieser statistische Fehler bleibt auch bei Bestimmung von Makrogehalten erhalten, und deswegen ist mittels aktivierungsanalytischer Methoden keine Angabe von solchen Makrogehalten auf z.B. vier geltende Ziffern möglich, wie dies mit klassischen chemischen Verfahren ohne weiteres erreichbar ist.

Wegen der günstigen, tief liegenden Nachweisgrenze sind Aktivierungsanalysen demgegenüber zur Bestimmung von *Spurengehalten* äußerst leistungsfähig und solche Spurenanalysen sind auch der hauptsächliche Anwendungsbereich von Aktivierungsanalysen.

Als Nachteil muß ferner angesehen werden, daß man mit einer einzigen Aktivierung meist keinen v o l l s t ä n d i g e n Überblick über sämtliche Spurengehalte bekommen kann.

81. Aktivierungs-Methoden

Für die Aktivierung der Analysenprobe stehen prinzipiell alle Methoden zur Verfügung, mit denen überhaupt Kernumwandlungen durchführbar sind. Solche Kernreaktionen kann man einerseits so durchführen, daß man Energie auf einen Kern durch *Beschuß mit hochenergetischen γ-Quanten* oder Elektronen überträgt und auf diese Weise die Abspaltung von Kernbausteinen erzwingt, oder doch wenigstens die getroffenen Kerne in angeregte Zustände überführt.

Eine zweite Gruppe von Möglichkeiten liefert der *Beschuß mit geladenen Teilchen,* die selbst Kernbausteine sind, und die in Beschleunigern auf die erforderliche Energie gebracht werden. Hierzu sind geeignet Protonen, Deuteronen, ^{3}He-Teilchen, α-Teilchen sowie noch schwerere Kerne wie $^{12}C^{+}$. Solche Teilchen können im Kern stecken bleiben und selbst Kernbestandteil werden, oder aber Anlaß zur Abspaltung anderer Kernbausteine geben.

Allen elektrisch geladenen Geschossen gemeinsam ist der Vorteil, daß man sie relativ leicht in Beschleunigern auf vorgegebene Energien bringen kann. Ihnen haftet jedoch als Mangel an, daß sie das Analysenmaterial nur sehr unvollständig durchdringen, weswegen eine sehr inhomogene Aktivierung unter Bevorzugung der Oberflächenschichten erfolgt. Ferner tritt sehr häufig Umwandlung der Geschoßenergie in Wärme ein, ohne daß eine Kernreaktion ausgelöst wird. Die Folge ist eine starke Erwärmung der Probe, der man durch Kühlung begegnen muß, damit durch Verdampfung keine Substanzverluste eintreten.

Aus diesen Gründen wird man nur in Sonderfällen, wie sie z.B. bei der Analyse sehr leichter Atome vorliegen, auf solche Aktivierungen zurückgreifen.

Das am universellsten verwendbare Mittel zur Auslösung von Kernreaktionen der hier gewünschten Art sind *Neutronen.* Sie bilden aus fast allen Elementen Radionuklide in teils sehr guter Ausbeute. In den allermeisten Fällen werden sie vom Analysenmaterial nur geringfügig absorbiert, und man erhält daher fast immer eine homogene Aktivierung der ganzen Probe.

Hierin liegt ein großer Vorteil der Neutronen-Aktivierungsanalyse im Vergleich zu anderen, z.B. spektralanalytischen Verfahren. Man erhält bei der Strahlungsmessung immer einen Durchschnitt über die Gesamtheit der Probe, so daß sich lokale Ungleichmäßigkeiten der Probe nicht störend auswirken. Der Funke als Anregungsquelle für Spektren setzt demgegenüber immer an oberflächlich liegenden, kleinen Bereichen der Probe an, und liefert daher nur einen Einblick in die Zusammensetzung dieser Gebiete.

82. Aktivierung mit Neutronen

Die weitaus mächtigste Neutronenquelle sind die Reaktoren, in denen Kettenreaktionen an spaltbarem Material ablaufen, und die dabei gewissermaßen als Nebenprodukt Neutronen eines breiten Energiespektrums liefern. Dies unterliegt dann durch Abbremsung in Moderator-Substanzen (wie Graphit oder H-haltigen Stoffen) Veränderungen, die bis zur fast vollständigen Thermisierung führen. Derartige thermische Neutronen haben dann schließlich Energien, die der Boltzmann-Verteilung bei der betreffenden Temperatur gleich sind.

Solche thermischen Neutronen werden von fast allen Kernen leicht eingefangen und können dabei radioaktive Produkte liefern, die analytisch nutzbar sind. Wegen dieser Tatsache hat sich die Aktivierungsanalyse so schnell zu einer heute unentbehrlichen Analysentechnik entwickeln können. Einen Überblick über die Leistungsfähigkeit der Aktivierungsanalyse gibt Figur 29, welche für 73 Elemente die durch Bestrahlung mit thermischen Neutronen nachweisbare Grammzahl enthält.

Da jedoch thermische Neutronenflüsse immer aus höherenergetischen Neutronen neu gespeist werden müssen, um die Verluste zu ersetzen, muß jeder thermische Neutronenfluß Anteile an Neutronen höherer Energie enthalten. Die hierdurch im Analysenmaterial möglich werdenden andersartigen Kernreaktionen müssen immer als Störungsquelle in Betracht gezogen werden.

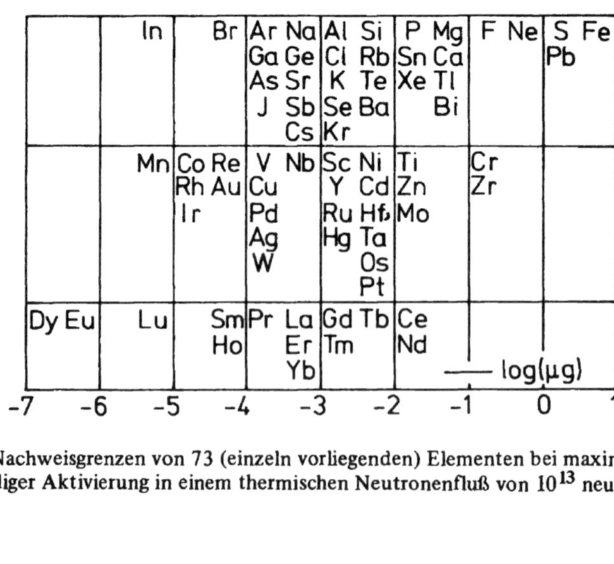

Fig. 29. Nachweisgrenzen von 73 (einzeln vorliegenden) Elementen bei maximal 1-stündiger Aktivierung in einem thermischen Neutronenfluß von 10^{13} neutr/cm^{2}sec

Bis auf ganz wenige Ausnahmen sind die mit thermischen Neutronen ablaufenden Kernreaktionen vom Typ (n, γ). Ein Beispiel ist $^{23}Na(n, \gamma)^{24}Na$, oder ausführlich geschrieben

$$^{23}Na + n \rightarrow \gamma + {}^{24}Na.$$

Es entsteht also ein Isotop des bestrahlten Elements mit einer um Eins größeren Massenzahl. Gleichzeitig wird spontan ein γ-Quant ausgesandt.

Wichtige *Ausnahmen* sind die Reaktionen

$^{10}B(n, p)^{10}Be$ $\quad$ $^{10}B(n, \alpha)^{7}Li$

$^{14}N(n, p)^{14}C$ $\quad$ $^{6}Li(n, \alpha)^{3}H$

$^{35}Cl(n, p)^{35}S$.

In diesen Fällen ist die Bindungsenergie eines p oder α im Kern offenbar kleiner als diejenige eines Neutrons.

Für chemische Operationen bietet es im allgemeinen einen Vorteil, daß die Elementzugehörigkeit der Radionuklide gewahrt bleibt. Gelegentlich kann jedoch auch die Erzeugung elementfremder Nuklide wünschenswert sein, nämlich dann, wenn eine saubere Trennmethode für das ursprüngliche Element nur schwierig oder langwierig durchführbar ist.

In einer Reihe von Fällen bilden sich elementfremde Nuklide auch bei (n, γ)-Reaktionen, nämlich als Folgeprodukte des Zerfalls dieser Radionuklide. In Tabelle 8 sind die typischen Möglichkeiten hierzu zusammengestellt. Dazu ist jeweils ein charakteristisches Beispiel angegeben. Typ I ist für Aktivierungsanalysen uninteressant, da keine aktiven Produkte gebildet werden. Jedoch kann bei hohem Einfangquerschnitt solcher Reaktionen eine merkliche Verminderung des Neutronenflusses störend wirken. Dies ist z.B. der Fall bei ^{113}Cd, aus welchem inaktives ^{114}Cd mit dem bekannt hohen Wirkungsquerschnitt (σ = 20 000) entsteht. Aus Tabelle 8 ist ersichtlich, daß elementfremde Radionuklide immer bei Zerfallsketten aber auch bei Kettenaktivierungen entstehen können.

Tabelle 8: Typen von Bestrahlungsprodukten bei (n, γ)-Reaktion mit Beispielen

I. Inaktives Isotop der Masse M + 1:

$$\underline{^{33}S}(n, \gamma)\underline{^{34}S}$$

Ia. Angeregter (metastabiler) Zustand eines inaktiven Isotops:

$$\underline{^{136}Ba}(n, \gamma)^{137m}Ba \xrightarrow[\gamma]{} \underline{^{137}Ba}$$

II. Metastabiler und Grundzustand eines aktiven Isotops:

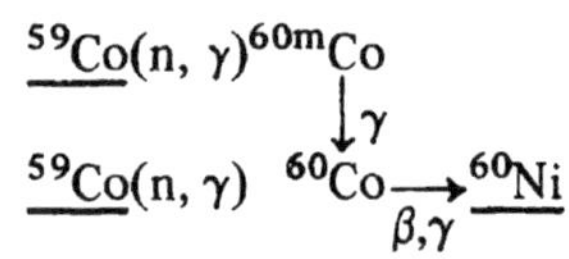

IIIa. Gerade Zerfallskette:

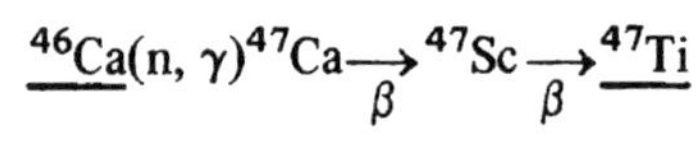

IIIb. Verzweigte Zerfallskette:

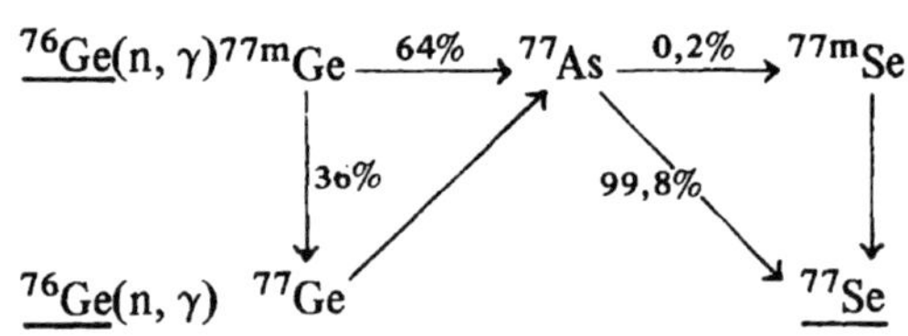

IV. Kettenaktivierung (Sekundärreaktion):

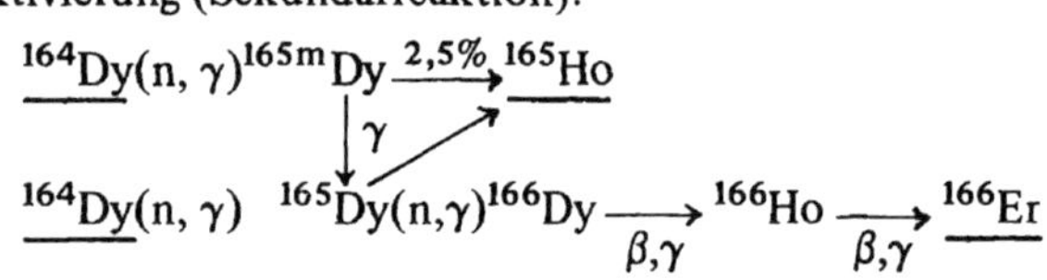

Stabile Kerne sind unterstrichen.

83. Wirkungsquerschnitt

Eine zu bestrahlende Probe, das „*Target*", werde senkrecht zur Fläche F cm^2 in der Länge l cm von einem Neutronenfluß Φ neutr/cm^2sec durchstrahlt. Das Target soll aus einer e i n z i g e n Kernart bestehen, welche die Volumenkonzentration n Kerne/cm^3 besitzt und nur eine einzige Art Reaktion erleiden soll.

Durch die $\Phi \cdot F$ pro Sekunde auf F auftreffenden Neutronen werden Kernreaktionen ausgelöst, deren Anzahl experimentell durch den Verlust $\Delta\Phi \cdot F$ an Neutronen nach Durchgang durch das Target ermittelt werden kann. Diesen Neutronen-Verlust kann man sich so veranschaulichen (Fig. 30), als ob *ein Teil* f der Fläche F für Neutronen *völlig undurchlässig* wäre, während der Rest der Fläche F a l l e Neutronen durchläßt. Der Wert von f ist also durch die beobachtbare Änderung des Neutronenflusses derart definiert, daß gelten soll

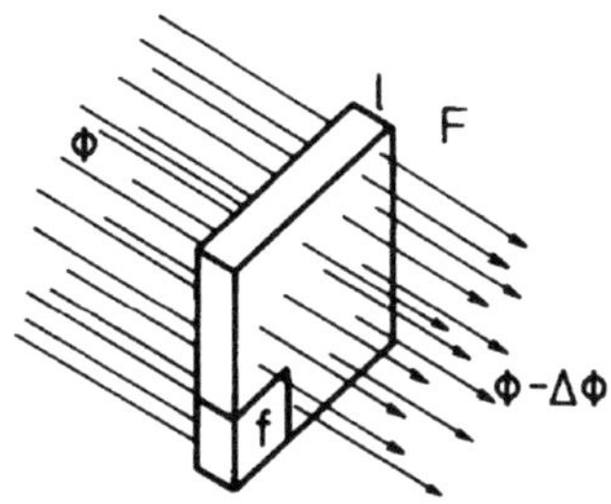

Fig. 30. Definition des Wirkungsquerschnitts

$$\frac{f}{F} = \frac{\Delta\Phi}{\Phi} \tag{66}$$

Nun kann man weiterhin *jedem einzelnen* der im Target vorhandenen $F \cdot l \cdot n$ Atomkerne *seinen Anteil* an der neutronen-undurchlässigen Fläche f zuordnen durch

$$\sigma = \frac{f}{F \cdot l \cdot n} \tag{67}$$

Der so definierte *Wirkungsquerschnitt* σ ist dann ein Maß der Reaktionswahrscheinlichkeit der fraglichen Kernart für die stattfindende Kernreaktion.

Als Einheit für σ wird meist verwendet

$$1 \text{ barn} = 10^{-24} \text{ cm}^2 .$$

84. Berechnung der induzierten Aktivität

Im allgemeinen Fall muß man das Target in unendlich dünne Schichten dl aufteilen, in deren jeder eine Flußänderung - $d\Phi$ erfolgt. Dann wird aus (66) und (67) unter Elimination von f

$$\frac{d\Phi}{\Phi} = - \frac{\sigma \cdot F \cdot n \cdot dl}{F} . \tag{68}$$

Das Minuszeichen ist die Folge der Tatsache, daß bei positivem dl einer Flußverminderung entsprechend die Größe $d\Phi$ negativ ausfallen muß. Integration dieser Gleichung liefert

$$\Phi = \Phi_o \cdot e^{-\sigma \cdot n \cdot l} .$$

Bei der weitaus größten Zahl von Kernreaktionen liegen derart kleine σ vor, daß man in erster Näherung den Fluß Φ_o als durch die Kernreaktion nur unwesentlich verändert ansehen kann. Für die Integration von Gl. (68) kann dann $\Phi = \Phi_o$ als konstant angesetzt werden, sodaß gilt

$$d\Phi = -\Phi_o \cdot \sigma \cdot n \cdot dl \text{ und integriert}$$

$$\Phi = \Phi_o - \Phi_o \cdot \sigma \cdot n \cdot l.$$

Daraus resultiert für die Verminderung des Flusses

$$\Phi_o - \Phi = \Phi_o \cdot \sigma \cdot n \cdot l\,. \tag{69}$$

Auf der Fläche F cm^2 gehen also innerhalb t Sekunden

$$(\Phi_o - \Phi) \cdot F \cdot t = \Phi_o \cdot \sigma \cdot n \cdot l \cdot F \cdot t$$

Neutronen verloren. *Diese Anzahl muß sich in Form aktivierter Atome wiederfinden.* Die Bildungsgeschwindigkeit oder Bildungsrate dN/dt dieser neuen Kerne muß also sein

$$(dN/dt)_{bild} = \Phi_o \cdot \sigma \cdot n \cdot F \cdot l\,.$$

Man kann noch die Gesamtzahl

$$N_{tot} = n \cdot F \cdot l$$

der Kerne des Target einführen und erhält

$$(dN/dt)_{bild} = \Phi_o \cdot \sigma \cdot N_{tot}\,.$$

Nun verschwinden aber nach dem Zerfallsgesetz Gl. (2), S. 10 laufend wieder solche neu gebildeten Kerne, nämlich

$$(dN/dt)_{zerfall} = -\lambda \cdot N\,.$$

Daher gilt für die Gesamtbilanz der Kernproduktion

$$dN/dt = \Phi_o \cdot \sigma \cdot N_{tot} - \lambda \cdot N\,.$$

Integration liefert

$$N = \frac{\Phi_o \cdot \sigma \cdot N_{tot}}{\lambda} \cdot (1 - e^{-\lambda t})$$

oder, wenn man N durch die Aktivität $A = \lambda \cdot N$ ersetzt

$$\lambda \cdot N \equiv A = \Phi_o \cdot \sigma \cdot N_{tot} \cdot (1 - e^{-\lambda t}) \text{ tps.} \tag{70}$$

Diese grundlegende Beziehung läßt sich noch für m Gramm *Reinelement* der Atommasse M umrechnen in spezifische Aktivität S über die Proportion

$$\frac{m}{M} = \frac{N_{tot}}{6{,}023 \cdot 10^{23}}$$

Man erhält

$$S = 0{,}6023 \cdot \Phi \cdot \frac{\sigma}{M} \cdot (1 - e^{-\lambda t}) \text{ tps/g}$$

oder für ein *Mischelement* der Isotopenhäufigkeit f der reagierenden Kernsorte als Aktivitätskonzentration

$$S = 0{,}6023 \cdot \Phi \cdot \frac{\sigma f}{M} \cdot (1 - e^{-\lambda t}) \frac{\text{tps}}{\text{Gramm Element}}, \qquad (71)$$

wenn man dabei noch σ in barn angibt.

Falls eine chemische Verbindung vorliegt, muß natürlich noch die Grammzahl mit dem üblichen „chemischen Faktor" umgerechnet werden.

In (71) kennzeichnet Φ die zur Bestrahlung benutzte Einrichtung, $\sigma f/M$ ist charakteristisch für das bestrahlte Target und die Klammer mit dem e-Faktor ist eine Eigenschaft des produzierten instabilen Kerns.

Falls nach Ende der Bestrahlung noch eine *Wartezeit* t_w bis zum Meßbeginn verstreicht (wegen Transport, Verarbeitung und Experimentierdauer), kommt noch ein Faktor $e^{-\lambda t_w}$ hinzu. Die zu Beginn der Strahlungsmessung verfügbare Aktivität ist also

$$S = 0{,}6023 \cdot \Phi \cdot \frac{\sigma f}{M} \cdot (1 - e^{-\lambda t}) \cdot e^{-\lambda t_w} \frac{\text{tps}}{\text{Gramm Element}}$$

Nach unendlich langer Bestrahlungszeit wird $e^{-\lambda t} = 0$. Dann ist die *Sättigungs-Aktivität*

$$S_\infty = 0{,}6023 \cdot \Phi \cdot \frac{\sigma f}{M} \frac{\text{tps}}{\text{g Element}}$$

erreicht. Für die Methodik von Analysen ist wichtig, daß *kurzlebige Radionuklide* auch *schnell aktiviert* werden. Wenn nämlich als Bestrahlungsdauer die Halbwertzeit $t_{1/2}$ gewählt wird, folgt $1 - e^{-\lambda t} = \frac{1}{2}$. Dann ist also der halbe Wert von S_∞ schon erreicht.

85. Stör-Reaktionen

Die durch den ausschließlichen Ablauf von (n, γ)-Reaktionen relativ einfachen Verhältnisse bei der Aktivierung mit thermischen Neutronen werden nun durch eine Reihe von Störreaktionen manchmal recht kompliziert. Einmal können sich infolge Vorliegens von *Zerfallsketten* weitere Radionuklide bilden. Zum anderen können alle dabei entstandenen Produkte wiederum der Aktivierung in (n, γ)-Reaktionen unterliegen (Kettenaktivierung in *Sekundärreaktionen*). Weiterhin sind wegen des immer vorhandenen Anteils nicht-thermischer Neutronen auch *andere Primärreaktionen* möglich. Letztere haben meist Wirkungsquerschnitte, die erst von einem Schwellenwert der Neutronenenergie aufwärts merkliche Werte besitzen. Wenn man den Einfluß solcher Störreaktionen abschätzen will, müssen also die σ-Werte solcher Reaktionen des Typs (n, p), (n, α), (n, 2n), (n, n') als Funktion der Neutronenenergie bekannt sein.

Ein sehr einfaches und zuverlässiges Mittel zur Erkennung des Einflusses von solchen Störreaktionen besteht in der Durchführung einer Bestrahlung, bei der die Probe in Cadmiumblech eingehüllt ist. Cadmium absorbiert thermische Neutronen sehr vollständig, sodaß die induzierte Aktivität nur von schnelleren Neutronen stammen kann.

Umgekehrt lassen sich solche Schwellenwertreaktionen benutzen, um relativ leicht Auskunft über das Energiespektrum der verwendeten Neutronen zu erhalten.

Für die Aktivitäten der Glieder von Zerfallsketten und Kettenaktivierungen gibt es die bekannten Differentialgleichungen von *Rubinson,* deren Anwendung durch das folgende Schema erleichtert werden kann.

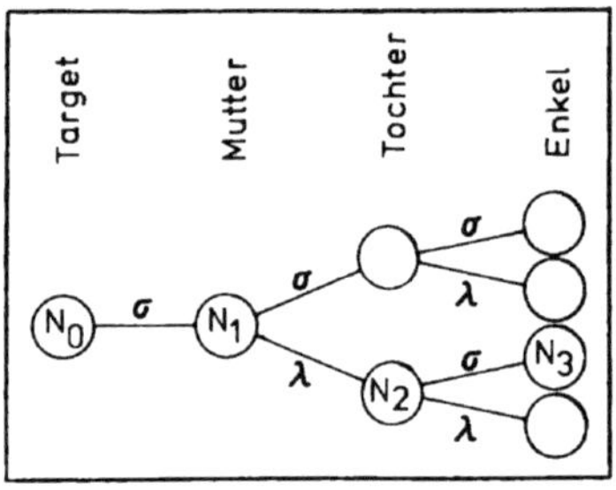

Fig. 31. Schema zur Berechnung erzeugter Aktivitäten

In Figur 31 bedeuten nach rechts steigende Verbindungslinien weitere Aktivierungsreaktionen, fallende Linien den Zerfall des betreffenden Nuklids. Für die zeitliche Änderung der Atomzahlen N gelten Differentialgleichungen, die ganz allgemein von der Form sind

$$dN/dt = \text{Produktionsrate minus Verbrauchsrate.}$$

Dem Schema entnimmt man, daß P r o d u k t i o n einer Kernart auf zwei *einander ausschließenden* Wegen erfolgen kann:

I. durch Zerfall des Vorgängers mit der Zerfallskonstanten λ, oder aber

II. durch Kernreaktion des Vorgängers mit der „Produktionskonstanten" $\Phi \cdot \sigma$.

Verbrauch erfolgt immer *gleichzeitig auf zwei* Wegen, nämlich sowohl durch Zerfall (λ) als auch durch Kernreaktion ($\Phi\sigma$). Es läßt sich also durch eine verallgemeinerte Zerfallskonstante $\Lambda = \lambda + \Phi\sigma$ charakterisieren.

Differentialgleichungen:	Definitionen:
$dN_1/dt = \Phi\sigma_1 N_0 - \Lambda_1 N_1$	N = Atomanzahl
$dN_2/dt = \lambda_1 N_1 - \Lambda_2 N_2$	$A = \lambda \cdot N$ = Aktivität
$dN_3/dt = \lambda_2 N_2 - \Lambda_3 N_3$	$\Lambda = \lambda + \Phi\sigma$ = verallgemeinerte Zerfallskonstante
$dN_4/dt = \lambda_3 N_3 - \Lambda_4 N_4$	

Lösungen:

$$A_1 = \Phi\sigma_1 N_0 \frac{\lambda_1}{\Lambda_1}(1 - e^{-\Lambda_1 t})$$

$$A_2 = \Phi\sigma_1 N_0 \frac{\lambda_1\lambda_2}{\Lambda_1\Lambda_2}\left[\frac{\Lambda_2}{\Lambda_2-\Lambda_1}(1-e^{-\Lambda_1 t}) + \frac{\Lambda_1}{\Lambda_1-\Lambda_2}(1-e^{-\Lambda_2 t})\right]$$

$$A_3 = \Phi\sigma_1 N_0 \frac{\lambda_1\lambda_2\lambda_3}{\Lambda_1\Lambda_2\Lambda_3}\left[\frac{\Lambda_2}{\Lambda_2-\Lambda_1}\frac{\Lambda_3}{\Lambda_3-\Lambda_1}(1-e^{-\Lambda_1 t}) + \frac{\Lambda_1}{\Lambda_1-\Lambda_2}\frac{\Lambda_3}{\Lambda_3-\Lambda_2}(1-e^{-\Lambda_2 t}) + \frac{\Lambda_1}{\Lambda_1-\Lambda_3}\frac{\Lambda_2}{\Lambda_2-\Lambda_3}(1-e^{-\Lambda_3 t})\right]$$

$$A_4 = \Phi\sigma_1 N_0 \frac{\lambda_1\lambda_2\lambda_3\lambda_4}{\Lambda_1\Lambda_2\Lambda_3\Lambda_4}\left[\frac{\Lambda_2}{\Lambda_2-\Lambda_1}\frac{\Lambda_3}{\Lambda_3-\Lambda_1}\frac{\Lambda_4}{\Lambda_4-\Lambda_1}(1-e^{-\Lambda_1 t}) + \frac{\Lambda_1}{\Lambda_1-\Lambda_2}\frac{\Lambda_3}{\Lambda_3-\Lambda_2}\frac{\Lambda_4}{\Lambda_4-\Lambda_2}(1-e^{-\Lambda_2 t}) + \frac{\Lambda_1}{\Lambda_1-\Lambda_3}\frac{\Lambda_2}{\Lambda_2-\Lambda_3}\frac{\Lambda_4}{\Lambda_4-\Lambda_3}(1-e^{-\Lambda_3 t}) + \frac{\Lambda_1}{\Lambda_1-\Lambda_4}\frac{\Lambda_2}{\Lambda_2-\Lambda_4}\frac{\Lambda_3}{\Lambda_3-\Lambda_4}(1-e^{-\Lambda_4 t})\right]$$

Fig. 32. Aktivierung einer 4-gliedrigen Kette

Es gibt also zwei verschiedene Typen von Differentialgleichungen

$$\text{I.}\quad dN_i/dt = \lambda_{i-1}N_{i-1} - \Lambda_i N_i \quad \text{und}$$

$$\text{II.}\quad dN_i/dt = \Phi\sigma\, N_{i-1} - \Lambda_i N_i\,.$$

Die Differentialgleichungen und Lösungen für den Fall einer einfachen 4-gliedrigen Kette enthält Figur 32. Für beliebige Ketten braucht man dann nur die Differentialgleichungen nach dem Schema der Figur 31 aufzustellen und durch Vergleich der Koeffizienten mit denjenigen der Figur 32 festzustellen, welche Koeffizienten in den Lösungen durch andere zu ersetzen sind.

Im Fall einer Kette

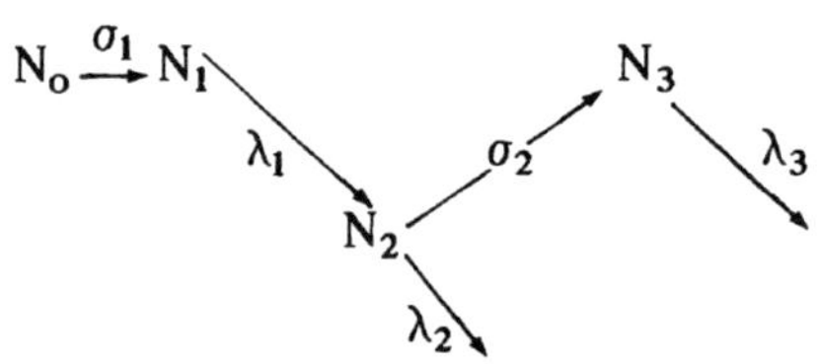

in der die Strahlung der Atome N_3 interessiert, gelten beispielsweise die Differentialgleichungen

$$dN_1/dt = \Phi o_1 N_o - \lambda_1 N_1$$

$$dN_2/dt = \lambda_1 N_1 \quad - \Lambda_2 N_2$$

$$dN_3/dt = \Phi o_2 N_2 - \lambda_3 N_3$$

An Stelle der Werte in Figur 32 ist also zu ersetzen

für Λ_1 setze λ_1, für λ_2 setze $\Phi \cdot \sigma_2$,

für Λ_2 setze $(\lambda_2 + \Phi\sigma_2)$, für Λ_3 setze λ_3 .

Der gleiche Ersatz in den Lösungen der Fig. 32 ergibt die Lösung z.B. für A_3:

$$A_3 = N_o \frac{\Phi^2 \cdot \sigma_1\sigma_2}{\lambda_2 + \Phi\sigma_2} \cdot \frac{\lambda_2 + \Phi\sigma_2}{\lambda_2 + \Phi\sigma_2 - \lambda_1} \cdot \frac{\lambda_3}{\lambda_3 - \lambda_1}(1 - e^{-\lambda_1 t}) +$$

$$\frac{\lambda_1}{\lambda_1 - \lambda_2 - \Phi\sigma_2} \cdot \frac{\lambda_3}{\lambda_3 - \lambda_2 - \Phi\sigma_2}(1 - e^{-(\lambda_2 + \Phi\sigma_2)t})$$

$$+ \frac{\lambda_1}{\lambda_1 - \lambda_3} \cdot \frac{\lambda_2 + \Phi\sigma_2}{\lambda_2 + \Phi\sigma_2 - \lambda_3}(1 - e^{-\lambda_3 t})]$$

Führen mehrere Wege zum gleichen Produkt, so sind die Aktivitäten einzeln für jeden Weg zu ermitteln und dann zu addieren.

86. Wartezeit (Gleichung für Zerfallsreihen)

Sind am Ende der Bestrahlungszeit t die Aktivitäten A_1^o, A_2^o, A_3^o, ... einer Zerfallskette vorhanden, so ändern sich diese entsprechend den Zerfallskonstanten (Abnahme durch Zerfall, Nachlieferung durch die Vorfahren) nach den Differentialgleichungen

$$\begin{aligned} dN_1/dt &= -\lambda_1 N_1 & N_1^o &= A_1^o/\lambda_1 \\ dN_2/dt &= \lambda_1 N_1 - \lambda_2 N_2 & N_2^o &= A_2^o/\lambda_2 \\ dN_3/dt &= \lambda_2 N_2 - \lambda_3 N_3 & N_3^o &= A_3^o/\lambda_3 \\ dN_4/dt &= \lambda_3 N_3 - \lambda_4 N_4 & N_4^o &= A_4^o/\lambda_4 \end{aligned}$$

Für die Urenkel-Aktivität A_4 folgt daraus z.B. als Lösung

$$\begin{aligned} A_4 = \lambda_2\lambda_3\lambda_4 A_1^o \cdot [& \frac{e^{-\lambda_1 t_w}}{(\lambda_2-\lambda_1)(\lambda_3-\lambda_1)(\lambda_4-\lambda_1)} + \\ & + \frac{e^{-\lambda_2 t_w}}{(\lambda_1-\lambda_2)(\lambda_3-\lambda_2)(\lambda_4-\lambda_2)} + \\ & + \frac{e^{-\lambda_3 t_w}}{(\lambda_1-\lambda_3)(\lambda_2-\lambda_3)(\lambda_4-\lambda_3)} + \\ & + \frac{e^{-\lambda_4 t_w}}{(\lambda_1-\lambda_4)(\lambda_2-\lambda_4)(\lambda_3-\lambda_4)}] + \\ + \lambda_3\lambda_4 A_2^o \cdot [& \frac{e^{-\lambda_2 t_w}}{(\lambda_3-\lambda_2)(\lambda_4-\lambda_2)} + \\ & + \frac{e^{-\lambda_3 t_w}}{(\lambda_2-\lambda_3)(\lambda_4-\lambda_3)} + \\ & + \frac{e^{-\lambda_4 t_w}}{(\lambda_2-\lambda_4)(\lambda_3-\lambda_4)}] ++ \\ + \lambda_4 A_3^o \cdot [& \frac{e^{-\lambda_3 t_w}}{\lambda_4-\lambda_3} + \frac{e^{-\lambda_4 t_w}}{\lambda_3-\lambda_4}] + A_4^o \cdot e^{\lambda_4 t_w} \end{aligned}$$

Das letzte Glied dieser Formel, das A_4^o enthält, rührt allein vom Zerfall der anfangs vorhandenen Aktivität A_4^o her. Das vorletzte Glied mit A_3^o beschreibt die Nachlieferung aus dem Vorgänger, usw.

Daher kann man auch einfachere Fälle einer genetischen Verknüpfung von Aktivitäten mit der gleichen Formel berechnen. Für ein Mutter-Tochter-Gleichgewicht würde mit A_3^o als ursprünglich vorhandener Mutter-Aktivität und A_4^o als ursprünglicher Tochter-Aktivität zu rechnen sein, während A_1^o =

$A_2^o = 0$ zu setzen sind. Auch der Aufbau der Aktivitäten in den natürlichen Zerfallsreihen folgt der gleichen Formel.

Für Zwecke der Aktivierungsanalyse lassen sich mit diesem Schema die elementfremden Aktivitäten, die aus solchen Ketten stammen, relativ leicht auf ihren störenden Einfluß oder aber gegebenenfalls auf ihre analytische Nutzbarkeit untersuchen. Voraussetzung ist dabei die Kenntnis der jeweiligen Reaktionsquerschnitte σ. Diese sind jedoch bisher nur in wenigen Fällen bekannt, nämlich in denjenigen, die sich bei der analytischen Auswertung bereits als störend erwiesen haben.

87. Aktivierung mit schnellen Neutronen

Um für die Durchführung von Aktivierungsanalysen nicht an die wenigen Orte gebunden zu sein, an denen Reaktoren stehen, hat man in den letzten 20 Jahren andere Neutronenquellen entwickelt, die nicht ortsgebunden sind, die abschaltbar sind und die nur ein Minimum an radioaktivem Material enthalten. Für diese Zwecke ist die Kernreaktion

$$^{3}H(d, n)^{4}He$$

besonders brauchbar. Der Beschuß von Tritium, das an festem Zirkon bzw. Titan adsorbiert ist, mit Deuterium-Ionen, die auf 150 kVolt beschleunigt sind, liefert Neutronen von 14 MeV Energie in so guter Ausbeute, daß Flüsse von der Größenordnung 10^9 neutr/cm^{2}sec erreicht werden. Sie können natürlich auch (mit Wasser als Moderator) thermisiert werden. Der Fluß ist zwar um den Faktor 1000 kleiner als derjenige eines mittleren Reaktors, trotzdem lassen sich damit immer noch eine ganze Reihe analytischer Probleme lösen.

Im Hinblick auf die Wirtschaftlichkeit hat sich dabei auch eine *methodische* Veränderung als nötig erwiesen. Bestrahlungen im Reaktor lassen sich ohne Mehrkosten auf Tage oder Wochen ausdehnen, da der Reaktor meist ununterbrochen in Betrieb ist und die Neutronen nur ein Nebenprodukt sind. Das Tritium-Target eines 14 MeV-Neutronen-Generators verbraucht sich jedoch im Laufe weniger Betriebsstunden und daher wird man die Bestrahlungszeit so weit wie möglich einschränken. Dies führt zwangsläufig dazu, daß Radionuklide relativ kurzer Halbwertzeit zur Analyse benutzt werden müssen. Denn nur diese werden bei kurzer Bestrahlung hinreichend nahe bis zum Sättigungswert aktiviert.

Die Kurzlebigkeit der nutzbaren Nuklide bedingt, daß man normale chemische Trennungen wegen ihres meist relativ hohen Zeitbedarfs nicht benutzen kann. Daher mußten rasch durchführbare Trennverfahren entwickelt werden. Durch die Verkettung aller dieser Umstände erlangt man indessen den Vorteil, daß das Resultat solcher Analysen oft schon nach Minuten verfügbar ist. Daher sind solche Verfahren zu Routine-Analysen besonders geeignet.

Die Anwendung von anderen als thermischen Neutronen, z.B. von 14 MeV-Neutronen, zur Aktivierung bringt eine Reihe neuer Probleme, da bei solchen Energien außer (n, γ)-Reaktionen noch eine Reihe weiterer Reaktionen ablaufen können. Dies sind im wesentlichen die Typen

$$(n, p), \quad (n, \alpha), \quad (n, 2n) \quad \text{und} \quad (n, n').$$

Beim letzten Reaktionstyp entsteht der gleiche Kern, aber in einem angeregten Zustand.

Die Wirkungsquerschnitte liegen für 14 MeV-Neutronen durchweg um etwa den Faktor 1000 tiefer als diejenigen für (n, γ)-Reaktionen mit thermischen Neutronen an den gleichen Atomkernen. Zusammen mit den kleineren erreichbaren Flüssen verschlechtert sich also die Nachweisbarkeit im Vergleich zu Reaktoren um den Faktor 10^6. Trotzdem sind im allgemeinen 10 bis 100 Mikrogramm eines Elementes nachweisbar.

Als Folge der vielfältigen Kernreaktionen ist der Ursprung eines Radionuklids nicht immer eindeutig feststellbar. Man ist daher an denjenigen „charakteristischen" Nukliden interessiert, die nur durch ein einziges Element erzeugt werden können. Als Beispiel sei die Erzeugung von ^{28}Al mit 14 MeV-Neutronen diskutiert. Dies Radionuklid kann gebildet werden aus ^{27}Al durch (n, γ)-Reaktion, aus ^{28}Si durch (n, p)-Reaktion und aus ^{31}P durch (n, α)-Reaktion. Es ist daher für keines der angegebenen Elemente charakteristisch. Für Aluminium wäre nur ^{26}Al(6,6 s) charakteristisch, für Silicium ^{29}Al(6,56 m) und für Phosphor ^{30}P(2,55 m).

Eine ganze Reihe solcher Störreaktionen läßt sich durch Benutzung von Neutronen geringerer Energie ausschalten, indem man mit der Neutronenenergie unterhalb des Schwellenwertes der betreffenden Reaktion bleibt. Zur Erzeugung solcher Neutronenenergien sind z.B. folgende Kernreaktionen brauchbar:

^{12}C(d, n)^{13}N liefert Neutronen von 3,4 keV

D(d, n)^{3}He liefert Neutronen von 2,45 MeV

^{9}Be(α. n)^{12}C liefert Neutronen von 5,27 MeV.

88. Aktivierung mit geladenen Teilchen

Eine Anzahl von Elementen läßt sich wegen ungenügender Aktivierung nur schlecht mittels Neutronenbestrahlung bestimmen. Dies gilt insbesondere für die leichtesten Kerne bis zur Ordnungszahl Z = 8 sowie auch für einige schwere Kerne wie Eisen oder Blei. Man setzt in solchen Fällen mit Erfolg die Aktivierung mit geladenen Teilchen ein, wie Protonen, Deuteronen und α-Teilchen, die in Beschleunigern auf entsprechende Energie gebracht werden. Hierbei tritt als neue Schwierigkeit die Tatsache auf, daß die geladenen Teilchen in Materie nur begrenzte Reichweite besitzen. Dadurch wird eine homogene Aktivierung kompakter Proben unmöglich und man erhält dann nur Auskunft über die Oberflächenschichten des Probenmaterials. Dies kann für gewisse analytische Probleme wie die Untersuchung von Oxidschichten einen Vorteil darstellen.

Infolge der begrenzten Reichweite tritt aber noch ein Auswerteproblem auf. Bei der Neutronenaktivierung kann man weitgehend mit einer einheitlichen Energie der Neutronen rechnen. Das Energiespektrum geladener Teilchen ändert sich aber mit der Eindringtiefe in die Analysensubstanz. Zur Berechnung der erzeugten Aktivität muß man also den ganzen Verlauf des Wirkungsquerschnitts mit der Teilchenenergie kennen und außerdem muß auch noch die Geschwindigkeit des Energieverlusts der Teilchen im Probenmaterial bekannt sein.

Seit 1962 werden als aktivierende Geschosse auch ^{3}He-Teilchen verwendet. Diese Kerne gehen relativ leicht unter Neutronenaufnahme in die viel stabileren ^{4}He-Kerne über. Aus diesem Grunde kommt man mit Geschossen von der relativ geringen Energie von 8 MeV aus. Analysen von Atomkernen bis zu Z = 20 sind damit möglich. Mit hohen σ-Werten entstehen dabei meist neutronenarme β^+-Strahler. Die Nachweisgrenzen für Be, C, N, O und F liegen im ppm- bis ppb-Bereich. Als Kernreaktionen werden am häufigsten nach Eindringen des ^{3}He in den Targetkern die Abspaltung von n, p, α, pn, αn oder auch nur die Aussendung von γ-Quanten bewirkt.

89. Aktivierung mit γ-Quanten

Die Bindungsenergie der Kernbausteine beträgt bekanntlich im Mittel 8 MeV pro Neutron bzw. Proton. Es ist daher einleuchtend, daß Abspaltungen solcher Elementarbausteine eintreten werden, wenn man entsprechende Energiemengen dem Kern irgendwie zuführen kann. Außer Teilchen mit endlicher Ruhmasse sind auch γ-Quanten entsprechend hoher Energie zur Einleitung solcher Kernreaktionen geeignet. Sie haben gegenüber geladenen Teilchen den Vorteil, daß ähnlich wie bei Neutronen die *Analysenprobe homogen aktiviert* wird. Die am leichtesten auslösbaren Reaktionen sind vom Typ ($\gamma\gamma$'), (γ, n), (γ, p).

Solche energiereichen γ-Quanten lassen sich aus hochbeschleunigten Elektronen erhalten, die bei Auftreffen auf Targets hoher Ordnungszahl wie Wolfram oder Gold *Bremsstrahlung* auslösen. Dabei kann man die maximale γ-Energie durch entsprechende Wahl der Beschleunigungsspannung gut regeln.

Bremsstrahlung aus einem 3 MeV-Beschleuniger regt (γ,γ')-Reaktionen mit nur geringer Ausbeute an, sodaß eine wirkliche Spurenanalyse nicht möglich ist. Man muß schon zu Energien von mehr als 20 MeV greifen, damit (γ, n)- oder (γ, p)-Reaktionen angeregt werden. Dann allerdings kommt man bei Sauerstoff-Bestimmungen bis herunter zu 1 ppm und weniger. Infolge der Vielzahl der Kernreaktionen sind dabei aber mehrere Bestrahlungen mit verschiedener γ-Energie nötig, um die Störreaktionen eliminieren zu können.

90. Methodik von Aktivierungsanalysen

Das Gesamtschema einer Aktivierungsanalyse ist weitgehend davon abhängig, welche Geräte zur Strahlungsmessung zur Verfügung stehen. Im Beginn der Entwicklung waren fast ausschließlich GM-Zählrohre mit nachgeschaltetem einfachen Zählgerät vorhanden. Eine Nebeneinander-Bestimmung zweier β-Strahler war daher nur in Ausnahmefällen möglich, und außer der Absorbertechnik war eine Identifikation nur durch Aufnahme von Abklingkurven durchführbar.

Aus diesen Gründen sind anfangs Aktivierungsanalysen immer durch radiochemische Abtrennmethoden mit vollständigem Trennungsgang im Anschluß an eine Langzeit-Bestrahlung gemacht worden. Durch ausgedehnte Anwendung der Trägertechnik können auf diese Weise auch Spurenbestimmungen mit einer für andere Analysenmethoden nicht gegebenen Sicherheit in der Freiheit von Blindwerten durchgeführt werden, und man braucht nicht einmal die mühsamen Manipulationen im mikrochemischen Maßstab anzuwenden. Durch diesen Vorzug hat sich die Aktivierungsanalyse überhaupt erst gegenüber anderen Methoden bei den Chemikern durchsetzen können. Auch heute noch liefern solche Langzeit-Bestrahlungen die günstigsten Nachweisgrenzen mit dem weiteren Vorteil, daß die systematisch durchgeführte Analyse naturgemäß immer sofort einen Überblick über die Gesamtheit der Spurengehalte liefert. Der einzige schwerwiegende Nachteil dieses Vorgehens ist der hohe Zeitbedarf, der eine routinemäßige Anwendung ausschließt.

Bei dieser Art „klassischer" Aktivierungsanalysen wird meist nach einem Relativverfahren gearbeitet. Eine Standardprobe bekannten Gehaltes wird in genau gleicher Weise wie die Probe behandelt, vor allem hinsichtlich Bestrahlung, chemischer Aufarbeitung und Strahlungsmessung. Dann sind die Gewichtsmengen des abgetrennten Spurenelements in Probe und Standard den gemessenen Zählraten proportional.

Die Planung solcher Aktivierungsanalysen erfolgt fast ausschließlich unter dem Gesichtspunkt, daß *im Augenblick der Strahlungsmessung höchste Aktivität des betreffenden Radionuklids* vorhanden sein soll. Als zweckmäßig hat sich eine Unterteilung der zu bestimmenden Radionuklide in drei Gruppen erwiesen, in denen lange, mittlere und kurze Halbwertzeiten zusammengefaßt sind. Erzeugt ein Element ausschließlich langlebige Nuklide bei der Bestrahlung, so ist gemäß Gl. (71), S. 129 die Sättigungsaktivität erst nach langer Bestrahlung erreichbar. Zur chemischen Aufarbeitung steht dann natürlich hinreichend Zeit zur Verfügung. Bei den mittleren Halbwertzeiten genügt die Bestrahlung während etwa zweier $t_{\frac{1}{2}}$, aber dann muß die chemische Verarbeitung nach einer gleich langen Zeitspanne auf alle Fälle abgeschlossen sein, und man hat nicht mehr die Auswahl zwischen allen verfügbaren Trennverfahren. Da es infolge des Zusatzes bekannter Trägermengen nicht auf 100% Ausbeute ankommt, können hier alle Vorschriften der analytischen Chemie, die auf Vervollständigung der Ausbeute abzielen, fortgelassen werden. Kurze Halbwertzeiten unterhalb einiger Minuten lassen chemische Trennungen überhaupt nicht zu, und man muß nun nach Methoden der Strahlungsmessung suchen, die mehrere Radionuklide nebeneinander zu unterscheiden und quantitativ zu bestimmen erlauben. Hierfür ist insbesondere die γ-Spektroskopie geeignet.

91. Zerstörungsfreie Analyse

Voraussetzung für die alleinige Benutzung von γ-Spektren zu einer Analyse ist natürlich, daß alle in der Probe vorhandenen Elemente wirklich bei der Aktivierung γ-Strahler erzeugt haben. Diese Effekte lassen sich indessen voraussagen, können also bei der Wahl der Aktivierungsmethode eingeplant werden.

Die Breite der Peaks in einem mittels NaJ-Szintillationsdetektor aufgenommenen γ-Spektrum gestattet höchstens 20 bis 30 Peaks in dem Bereich von 100 keV bis 2 MeV, in welchem die allermeisten γ-Strahlungen liegen, voneinander zu unterscheiden. Es ist daher praktisch unmöglich, eine Gesamtübersicht über die Zusammensetzung der Probe allein durch eine Aktivierung mit nachfolgender Aufnahme eines einzigen γ-Spektrums zu gewinnen.

Auch hier empfiehlt es sich, drei Gruppen von Radionukliden durch entsprechende (kurze, mittlere oder lange) Bestrahlungszeit zu aktivieren, also drei Bestrahlungen durchzuführen, und zusätzlich noch jedes Spektrum mehrfach nach unterschiedlichen Wartezeiten zu registrieren, um dadurch Rückschlüsse auf die Halbwertzeiten der einzelnen Peaks ziehen zu können.

Eine wesentliche Erweiterung der Möglichkeiten zur zerstörungsfreien Analyse ist durch die Entwicklung der Ge(Li)-Detektoren geschaffen worden. Wegen der zehnfach besseren Energieauflösung ist in solchen Spektren auch die zehnfache Zahl von Peaks nebeneinander erkennbar. Dadurch sind nun Übersichtsanalysen sehr viel leichter durchführbar geworden. Trotzdem erfordert die Planung einer Aktivierungsanalyse primär immer die optimale Auswahl der Art der Aktivierung, der Bestrahlungszeit und der Meßzeit. Erst in zweiter Linie wird man dann versuchen, die Meßempfindlichkeit möglichst günstig zu gestalten.

92. Koincidenz-Methoden

Um die Selektivität der γ-Spektrometrie noch zu erhöhen, hat man besonders in den letzten Jahren Koincidenzmessungen herangezogen. Solche Koincidenzmethoden bilden seit vielen Jahrzehnten das Fundament fast jeder Meßtechnik der Kernphysik. Die meisten Rückschlüsse auf die Existenz von Elementarteilchen sind nur mit Hilfe dieser Arbeitstechnik möglich gewesen, bei der die *Gleichzeitigkeit zweier* (oder mehrerer) *Ereignisse* beobachtet wird. Das Bedürfnis nach Benutzung dieser Verfahren auch für Aktivierungsanalysen hat sich erst ergeben, als man imstande war, γ-Spektren mittels industriell gefertigter Apparate aufzunehmen und damit zerstörungsfrei zu analysieren.

Die Koincidenz-Methoden nutzen das Auftreten von Kaskaden aus zwei γ-Quanten (oder aus einem β- und einem γ-Quant) im Zerfallsschema des zu bestimmenden Radionuklids aus. Als Beispiel sei die $\gamma_1\gamma_2$-Kaskade des ^{60}Co-Termschemas (Figur 5, S. 23) erwähnt. Die aktivierte Probe strahlt auf *zwei* Detektoren. An jeden der Detektoren ist ein Einkanal-Spektrometer angeschlossen, dessen Kanallage auf jeweils die eine der beiden γ-Energien eingestellt ist. Die Kanal-Impulszahl J_1 bzw. J_2 während der Meßzeit t wird in je einem Zählgerät registriert. Die Impulse beider Kanäle steuern nun außerdem eine elektronische *Koincidenzstufe* an, die nur dann anspricht, wenn aus beiden

Kanälen „gleichzeitig" (d. h. innerhalb der vorgewählten Auflösungszeit τ von z.B. 10^{-6} sec) je ein Impuls ankommt. Ein drittes Zählgerät speichert diese Totalzahl J_{tot} von koincidenten Ereignissen.

In dieser Totalzahl sind außer den wahren Koincidenzen J_c auch die *zufälligen* Koincidenzen J_R enthalten, deren Ursprung in der statistischen Unordnung der einlaufenden Kanalimpulse J_1 und J_2 liegt, die im einzelnen auch von irgendwelchen Komponenten der Probe herrühren können, wenn nur die γ-Energie in den betreffenden Kanal fällt. Die Zahl der Zufallskoincidenzen J_R gehorcht der Beziehung

$$J_R = \frac{2\tau}{t} J_1 \cdot J_2 \,,$$

was man interpretieren kann als das Produkt aus dem Besetzungsgrad $2\tau/t$ der Zeitachse mit J_1 Impulsen des Kanals 1 und aus der Zahl von J_2 zufällig verteilten Ereignissen, die auf bereits besetzte Teile der Zeitachse fallen können.

Die Zahl der wahren Koincidenzen

$$J_c = J_{tot} - J_R$$

ist dann proportional dem Gehalt der Probe an ^{60}Co. Vergleichsmessungen an einer Standardprobe bekannten Co-Gehaltes, die gleichartig bestrahlt und gemessen wurde, geben sofort den Co-Gehalt der Probe.

Falls ($\beta\gamma$)-Koincidenzen gemessen werden sollen, bedient man sich natürlich eines β-Szintillators, muß aber beachten, daß eine Ausblendung des β-Kanals nicht vorgenommen werden kann, da jede β-Gruppe ein kontinuierliches Spektrum (vgl. S. 18) besitzt. Am einfachsten ist noch die Vermessung mit der höchsten β-Energie. Man kann dann den β-Kanal nach unten bei der Energie der zweithöchsten β-Gruppe abschneiden. Leider sind diese β-Teilchen aber meist nicht mit einem der γ-Quanten koincident, wie das Beispiel des ^{77}As (S. 23) lehrt.

Die Nachweisgrenze liegt bei solchen Koincidenzmethoden häufig günstiger als bei der einfachen γ-Spektrometrie, da der Nulleffekt durch die Koincidenzstufe sehr stark reduziert wird (vgl. auch S. 56).

Ebenfalls auf Koincidenzmessungen basiert die *multidimensionale γ-Spektrometrie.* Diese liefert eine ganze Reihe solcher Koincidenzspektren gleichzeitig, da die Koincidenzen *jedes* Energiekanals mit jedem z.B. in zwei Dimensionen registriert werden.

93. Herstellung von Standardproben

Die Benutzung von Standardproben setzt voraus, daß man imstande ist, die für eine Spurenbestimmung nötigen geringen Gehalte mit ausreichender Genauigkeit auch wirklich herstellen zu können. Praktisch sind dabei zwei Schwierigkeiten zu überwinden. Einmal muß man das zu bestimmende Element hinreichend rein zur Verfügung haben und außerdem, was weit schwieriger ist, auch das „Verdünnungsmittel". Dies ist in großem Überschuß anwesend und darf daher selbst keine Spuren des betreffenden Elementes enthalten. Die Aktivierungsanalyse bietet glücklicherweise selbst die Möglichkeit, solche zur Standardherstellung benutzten Stoffe auf Reinheit zu prüfen und den Erfolg eigener Reinigungsoperationen zu überwachen.

Die zweite Schwierigkeit besteht in der Herstellung einer wirklich *homogenen Verteilung* des Materials bei jedem Verdünnungsschritt. Bei Flüssigkeiten, die später einzudampfen sind, ist die Möglichkeit der Adsorption des Gelösten an jeder benetzten Gefäßwand eine schwierig abschätzbare Fehlerquelle. Bei Vermischung von Festkörpern ist die Homogenität unsicher, sobald es sich um Gehalte von weniger als 10 ppm handelt.

94. Autoradiographie

Die Schwärzung photographischer Schichten ist die am längsten bekannte Wirkung radioaktiven Materials. Man hat dadurch die einzigartige Möglichkeit, die *örtliche Verteilung* von Radioaktivitäten sehr genau zu analysieren. Wichtige Anwendungen sind die Untersuchung von Gewebeschnitten in Biologie und Medizin, die Analyse von Festkörperoberflächen (Schliffe), sowie die Sichtbarmachung von Aktivitätsverteilungen in Chromatogrammen.

Zur Herstellung einer Autoradiographie wird eine Photo-Emulsion in engen Kontakt mit der zu messenden Probe gebracht. Entwickelt man nach einiger Zeit die Emulsion, so gibt die Schwärzung qualitativ den Ort der Aktivität wieder, während Messungen des Schwärzungsg r a d e s zur quantitativen Bestimmung dienen können.

Die günstigste *„Belichtungs"-Dauer* hängt von der Filmempfindlichkeit ab, ferner von Art und Dicke des Präparates und von dem strahlenden Radionuklid. Die Hauptmenge der Strahlung wird nach etwa zwei Halbwertzeiten zur Wirkung gekommen sein. Längeres Warten lohnt nicht. Die Herstellung m e h r e r e r Autoradiogramme mit verschiedenen Kontaktzeiten erlaubt Radionuklide mit kurzer und längerer Halbwertzeit zu unterscheiden.

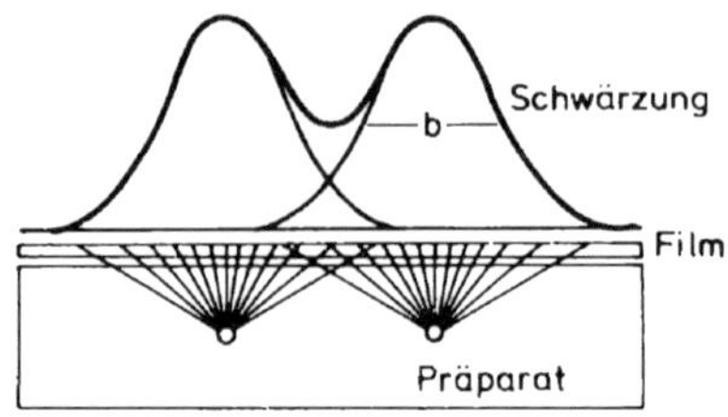

Fig. 33. Auflösungsvermögen bei Autoradiographie.

Details der Aktivitätsverteilung lassen sich um so besser erkennen, je höher das *Auflösungsvermögen* ist. Nach Figur 33 erzeugt eine einzige punktförmige Aktivität im Film einen Schwärzungskreis, da die Strahlung in alle Raumrichtungen geht und einen um so größeren Bereich des Films schwärzt, je weiter die Quelle vom Film entfernt ist. Zwei punktförmige Aktivitäten lassen sich an Hand der Schwärzung des Films nur dann unterscheiden, wenn ihr Abstand größer ist als die Halbwertbreite eines der Schwärzungsmaxima. Diese Definition stimmt mit der sonst in der Optik üblichen (Mikroskop, Spektrometer) überein.

Aus dieser Art der Entstehung des „Bildes" folgen sofort die Bedingungen, unter denen das beste Auflösungsvermögen erzielt wird. Der *Abstand der Strahlenquelle von der Emulsion* muß *möglichst gering* sein. Dies ist erreichbar durch möglichst dünne Präparate, möglichst dünne Emulsionen und möglichst engen Kontakt von Präparat und Emulsion.

Die *Kontakt-Methode,* bei welcher Präparat und Film einfach aneinander gepreßt werden, liefert eine Auflösung von 25–30 μ. Die *Coated-Methode,* bei der eine geschmolzene fertige Emulsion auf das Präparat aufgegossen wird, läßt Details von 5–7 μ Abstand erkennen. Am besten arbeitet die *Stripping-Film-Methode,* bei der eine mit einer dünnen Stützschicht versehene Emulsion unter Wasser auf das Präparat aufgebracht wird. Hiermit ist eine Auflösung von 1–3 μ erreicht worden.

Die *quantitative Auswertung* der Schwärzung kann am einfachsten (und am unsichersten) durch visuellen Vergleich mit bekannten Präparaten erfolgen.

Wesentlich genauer, aber langwierig ist das schichtweise Auszählen der Silberkörner unter dem Mikroskop. Dabei braucht Präparat und Emulsion nicht nachträglich voneinander getrennt zu werden. Dies ist bei einer photometrischen Messung der Schwärzung aber erforderlich. Schwärzungsgrade oberhalb 0,6 lassen sich nicht mehr nach dem einfachen logarithmischen Intensitätsgesetz auswerten. Man muß also auf die richtige Belichtungszeit achten, die am sichersten ausprobiert wird.

VIII. Präparative Gewinnung von Radionukliden

95. Allgemeine Grundlagen

Für die meisten radiochemischen Untersuchungen braucht man die erforderlichen Radionuklide nicht selbst zu produzieren, da etwa 160 sogenannte „primäre" Isotope von den großen Produktionszentren (Amersham, Oak Ridge, Saclay) fertig bezogen werden können. Es handelt sich dabei um relativ langlebige Radioisotope, deren Aktivität auch nach längerer Transportzeit noch ausreichend groß ist. Sie werden in elementarer Form oder als einfache chemische Verbindungen gehandelt (daher primäre Isotope), aus denen andere gewünschte Verbindungen leicht hergestellt werden können.

Der weitaus größte Teil (etwa 120) wird durch Neutronenbestrahlung produziert, 20 erfordern eine Bestrahlung mit geladenen Teilchen im Cyclotron, 15 stammen aus Spaltprodukten und nur 9 werden auch heute noch aus natürlich vorkommenden Mineralien gewonnen.

Eine gewisse Kenntnis der Produktionsmethoden ist indessen erforderlich, damit man die Brauchbarkeit der gelieferten Radionuklide für die geplanten Experimente beurteilen und gegebenenfalls sogar verbessern kann. Überdies ist für manche Zwecke die Verwendung kurzlebiger Nuklide von Vorteil oder sogar notwendig. Deren spezielle Herstellung muß man dann selbst in Auftrag geben können.

Für die Brauchbarkeit eines Präparates sind drei Dinge wesentlich, nämlich der Reinheitsgrad, die Trägerfreiheit und die chemische Form des Radionuklids. Durch geeignete Wahl der Ausgangssubstanz, des *Target,* und des Erzeugungsprozesses muß versucht werden, diese Forderungen so weitgehend wie nötig zu erfüllen.

96. Reinheit eines Präparates

Der übliche Begriff der *chemischen Reinheit*, der denjenigen Anteil des Präparates angibt, der in Form der betreffenden chemischen Verbindung vorliegt, ist für radiochemische Zwecke nicht ausreichend. Man will ja die Substanz dazu verwenden, um durch Strahlungsmessung Auskünfte über chemische Reaktionsweisen zu erhalten. Daher mußte ein neuer Reinheitsbegriff definiert werden, der sich auf die Strahlung des Präparates bezieht. Man bezeichnet als ***Strahlenreinheit*** (= radioisotopic purity) den ***Anteil*** des betreffenden Radionuklids ***an der Total-Radioaktivität*** des Präparates.

Bei dieser Definition bleiben unvermeidliche Tochteraktivitäten unberücksichtigt. Es ist selbstverständlich, daß ein ^{90}Sr-Präparat grundsätzlich auch die Tochteraktivität seines Zerfallsproduktes, des ^{90}Y enthält, die laufend nachgebildet wird. Dadurch kann die Verwendbarkeit für manche Zwecke allerdings wesentlich beeinträchtigt werden.

Es gibt ferner einige seltene Fälle, in denen aus einer bestrahlten Atomsorte zwei Radioisotope ohne genetischen Zusammenhang entstehen, deren Trennung unmöglich ist. So entstehen durch (n, γ)-Reaktion aus ^{114}Cd die isomeren Kerne ^{115m}Cd(53 d) und ^{115}Cd(43 h), die unabhängig voneinander zerfallen. Dadurch tritt keine Störung chemischer Experimente ein. Nur muß man beim Korrigieren der Aktivität auf einen gemeinsamen Zeitpunkt die beiden Halbwertzeiten anteilmäßig berücksichtigen und die Strahlungsmessung so einrichten, daß jeweils vergleichbare Teile beider Strahlungen erfaßt werden.

Eine dritte Definition ist die *radiochemische Reinheit.* Diese Angabe bezieht sich auf denjenigen Anteil des fraglichen Radioisotops, der in Form der betreffenden chemischen Verbindung vorliegt. Bei Ionenverbindungen ist damit z.B. die Oxydationsstufe gemeint. Bei markierten Molekülen bezieht sich die Angabe auch auf die markierte Position oder die Art des optischen Isomeren.

97. Anforderungen an Target-Substanzen

Unabhängig vom zu produzierenden Radionuklid müssen Targets, die bestrahlt werden sollen, die Forderung erfüllen, daß durch die verwendeten Stoffe keine Schäden am Reaktor oder Cyclotron auftreten können. In beiden Fällen kommt es zu einer starken *Erwärmung,* durch welche die betreffende chemische Verbindung zersetzt werden kann. Die Kühlung des Targets während der Bestrahlung ist besonders beim Cyclotron das hauptsächliche Problem.

Im Reaktor kommt noch das *hohe Strahlungsfeld* hinzu, dem das Target ausgesetzt ist, wodurch zusätzlich unerwünschte Zersetzungsreaktionen ausgelöst werden können. So ist z.B. auch Stickstoff als korrodierendes Gas anzusehen, da aus N_2 in Gegenwart von Wasser durch γ-Bestrahlung Salpetersäure gebildet wird.

Auch ist zu berücksichtigen, daß die gewählte Kernreaktion oft exotherm abläuft, z.B. $^{14}N(n, p)^{14}C$, und dadurch noch weitere Erwärmung bewirkt wird. Um entstandene Gase vom Reaktor fernzuhalten, wird daher in Zweifelsfällen am sichersten in abgeschmolzenen Ampullen bestrahlt, die vorher auf ausreichende Druckfestigkeit geprüft werden müssen. Als Material für Bestrahlungsbehälter kommen außer Glas und Quarz auch Al, Au und Pt in Frage.

Wasser und kristallwasserhaltige Salze bedingen infolge der Abbremsung schneller Neutronen im Reaktor immer etwa eine Verdopplung der Energieabsorption. *Wässrige Lösungen* und *wasserhaltige Salze* sind im Reaktor daher als Targets besonders *schlecht* geeignet.

Ausdrücklich sei auf die Korrosionsgefahr bei *Quecksilber*verbindungen als Target hingewiesen, da Hg das als Baumaterial im Reaktor weitgehend verwendete Aluminium besonders stark angreift. Hier wird meist doppeltes Einschmelzen verlangt. Die Tabelle 9 gibt eine Übersicht über die Brauchbarkeit verschiedener Verbindungsklassen für Bestrahlungszwecke. Die Auswahl wird man letztlich derart treffen, daß das Produkt sich auf chemischem Wege möglichst leicht in die gewünschte Verbindung überführen läßt.

Tabelle 9: Eignung von Verbindungen als Targetsubstanz

stabil:	Oxide, einfache wasserfreie Salze
ziemlich stabil:	Sulfate; Alkali- und Erdalkalikarbonate (nach dem Entgasen); Fluoride, Chloride; Phosphate, Arsenate, Chromate, Wolframate
zersetzlich:	Nitrate; Schwermetallkarbonate; Bromide, Jodide; Salze der Halogen-Oxysäuren; Salze organischer Säuren; Ammoniumsalze, Quecksilberverbindungen.

98. Kernprozesse ohne Änderung der Ordnungszahl

Der einfachste Fall für die Erzeugung eines strahlenreinen Radionuklids liegt sicherlich dann vor, wenn man

1. als Target ein *Reinelement* (bestehend aus nur einem Isotop) einsetzen kann und imstande ist, die Bestrahlungsbedingungen so einzurichten, daß

2. *nur eine einzige Kernreaktion* abläuft, die
3. nur ein einziges Radionuklid liefert, das
4. beim Zerfall direkt in einen stabilen Kern übergeht.

Reinelemente sind:

Be, F, Na, Al, P, Sc, Mn, Co, As, Y,

Nb, Rh, J, Cs, Pr, Tb, Ho, Tm, Au, Bi.

Grundsätzlich liefern diejenigen Kernreaktionen, bei denen die Ordnungszahl Z unverändert bleibt, *kein trägerfreies Produkt*. Dies sind die folgenden Reaktionstypen

$$(n, \gamma), (n, 2n), (n, n'); (\gamma, n); (d, p); (t, p).$$

Die aktivierte Atomzahl ist nach Gl. (70), S. 128 berechenbar und ergibt sich beispielsweise für unendlich lange Bestrahlung von ^{197}Au in einem thermischen Neutronenfluß von $\Phi = 10^{12}$ zu

$$N = \frac{\Phi \cdot \sigma \cdot N_{tot}}{\lambda} = 3{,}265 \cdot 10^{-5} \cdot N_{tot}$$

Es wird also nur etwa jedes 30 000-te Atom radioaktiv.

Mischelemente, wie z.B. Antimon, liefern mindestens zwei Aktivitäten (^{122}Sb(2,80 d) und ^{124}Sb(60 d) sowie 3 kurzlebige metastabile Kerne). Hier läßt sich wegen der Aktivierungsformeln von S. 129 durch entsprechende Wahl des Neutronenflusses und der Bestrahlungszeit immer dann eine *Verschiebung der Aktivitätsanteile* erreichen, wenn die Halbwertzeiten hinreichend weit auseinander liegen. Kurze Bestrahlung bei hohem Fluß begünstigt die kurzlebige Aktivität. Durch lange Bestrahlung und Abklingenlassen kann dabei die *langlebige Komponente beliebig rein,* aber natürlich nicht mit beliebig hoher spezifischer Aktivität erhalten werden.

Ist man wegen der chemischen Eigenschaften des Elementes gezwungen, eine *Verbindung als Target* zu verwenden, so dürfen die Fremdelemente keine störenden Aktivitäten erzeugen. In dieser Hinsicht sind Oxide besonders gut als Targets geeignet, da Sauerstoff bei Neutronen-Bestrahlung keine Aktivität mit einer längeren Halbwertzeit als 2,1 m liefert. Nach relativ kurzen Wartezeiten sind diese Aktivitäten verschwunden.

Wenn solche Fremdaktivitäten nicht vermeidbar sind, so läßt sich sehr oft durch nachträgliche Überführung des Produkts in eine andere Verbindung die gewünschte Aktivität rein erhalten.

Beispielsweise sind zur Aktivierung an Alkalimetallen an Stelle der instabilen Oxide die Karbonate und auch die Chloride gut geeignet. Aktives Cl^- läßt sich als AgCl abtrennen. Überschüssiges Ag^+ kann dann wieder durch Zusatz von inaktivem NaCl als AgCl entfernt werden.

Verunreinigungen der Targetsubstanz durch *Spurenelemente* spielen nur dann eine störende Rolle, wenn die betreffenden Aktivierungsquerschnitte so hoch sind, daß die Strahlenreinheit des Produkts gefährdet wird. Man wird versuchen, solche Verunreinigungen v o r der Aktivierung zu entfernen, da nachher hochaktives Material zu verarbeiten wäre. In manchen Fällen ist das jedoch aus Kostengründen nicht tragbar. Dann hat man auch nach der Bestrahlung verschiedene Möglichkeiten der Reinigung, sofern es sich um Aktivitäten von Elementen anderer Ordnungszahl handelt.

Eine sehr einfache Methode ist das *Scavengen* durch Erzeugung eines Eisenhydroxid-Niederschlages in der in Lösung gebrachten a k t i v i e r t e n Substanz. Spurenaktivitäten werden dann weitgehend am $Fe(OH)_3$ adsorbiert und werden mit abzentrifugiert. Hätte man das Scavengen v o r der Bestrahlung durchgeführt, so würden Eisenspuren eingeschleppt, die dann Störaktivitäten (bei Neutronenbestrahlung von ^{55}Fe und ^{59}Fe) erzeugen würden. Trägerzusatz für die zu reinigende Aktivität ist nicht erforderlich, da nur ein geringer Teil der Targetatome aktiviert wird (vgl. S.146).

Ist nur eine einzige Störaktivität nach der Bestrahlung abzutrennen, so kann man sie aus der Lösung der aktivierten Substanz nach Trägerzusatz abscheiden. Der Gehalt an inaktivem Spurenelement ist dann in dem nun strahlenreinen Produkt natürlich auch nicht besser als im ursprünglichen Target.

99. Effekte aus Störreaktionen

Beeinträchtigungen der Strahlenreinheit, die von anderen, gleichzeitig ablaufenden Kernreaktionen mit den Targetatomen herrühren, sind meist wesentlich schwieriger auszuschalten als die bisher beschriebenen Störungen, die in der Natur des benutzten Targetmaterials lagen.

Bestrahlt man mit thermischen Neutronen, so sind wegen des immer vorhandenen Gehalts des Neutronenflusses an höherenergetischen (schnellen) Neutronen Reaktionen der Typen

$$(n, p) \quad (n, \alpha) \quad (n, 2n) \quad (n, n')$$

nicht auszuschließen. Für analytische Zwecke kann man den Anteil dieser Effekte durch Bestrahlung in einer Cadmium-Umhüllung getrennt ermitteln und das Resultat korrigieren. Für präparative Zwecke ist es jedoch unmöglich, die Produktion derartiger Aktivitäten zu unterdrücken.

Die Beseitigung der Produkte aus (n, p)- und (n, α)-Reaktionen macht noch die geringsten Schwierigkeiten, da diese Aktivitäten abweichende Ordnungszahl besitzen, außerdem in trägerfreier Form anfallen und durch Scavengen oder Trägerzusatz auf chemischem Wege entfernt werden können. Dies gilt aber leider nicht für Produkte aus (n, 2n)- oder (n, n')-Reaktionen, die wegen der gleichbleibenden Ordnungszahl von der gewünschten Aktivität nicht mehr getrennt werden können.

Weitere Schwierigkeiten ergeben sich, wenn das gewünschte Produkt bei seinem Zerfall nicht direkt in einen stabilen, nicht strahlenden Kern übergeht, sondern in einer *Zerfallskette* erst noch eine Tochter- (Enkel-, usw.)-Aktivität bildet. Diese Aktivitäten lassen sich zwar chemisch abtrennen, werden aber im Laufe z.B. eines Tracer-Experimentes laufend nachgebildet, worunter die Aussagekraft der Strahlungsmessung stark leidet. So ist ^{90}Sr zur Untersuchung des Verhaltens von Erdalkali-Ionen ungeeignet, da ^{90}Y nachgebildet wird, dessen Ionen ganz andere chemische Eigenschaften besitzen.

100. Kernprozesse mit Änderung der Ordnungszahl

Kernreaktionen der Typen

$$(n, p), (n, \alpha), (p, xn), (d, xn), (d, \alpha), (\alpha, xn)$$

erzeugen Radionuklide, deren Ordnungszahl von der des Targets abweicht. Die betreffenden Aktivitäten fallen also *trägerfrei* an. Das bedingt Schwierigkeiten bei der Reinigung bzw. bei der Abtrennung vom Target, wenn die Trägerfreiheit erhalten bleiben soll. Einige Beispiele mögen zeigen, wie man vorgehen kann.

1. Trägerfreie Mo- bzw. Co-Aktivitäten können durch Mitfällung an $Fe(OH)_3$ abgetrennt werden. Man löst den Niederschlag in 6m HCl und kann dann das Eisen mit Aether extrahieren.
2. Eine Fällung von $Pb(NO_3)_2$ mit konz. Salpetersäure nimmt trägerfreies Sr mit. Abtrennung des Blei kann dann später durch Elektrolyse (anodische Abscheidung von PbO_2) erfolgen.
3. Die Produktion von ^{58}Co nach der Reaktion $^{58}Ni(n, p)^{58}Co$ wird immer gestört durch die mit einem anderen Ni-Isotop ablaufende Störreaktion $^{62}Ni(n, \gamma)^{63}Ni$. Die gewünschte ^{58}Co-Aktivität fällt trägerfrei an und muß von der Ni-Aktivität getrennt werden. Dies erfolgt am sichersten an Ionen-

austauscher-Harzen. Aus 9m salzsaurer Lösung bleibt Kobalt am Austauscher sorbiert, während Nickel durchläuft.

Falls absolute Trägerfreiheit nicht erforderlich ist, kann man natürlich Träger zusetzen und normale chemische Abtrennungen anwenden. Jedoch ist bei Radionukliden, die in mehreren Oxydationsstufen vorkommen können, hier besonders darauf zu achten, daß *Träger und Radionuklid in der gleichen Oxydationsstufe* vorliegen. Um sicher zu gehen, daß dies der Fall ist, reicht es nicht aus, z.B. nur ein einziges Oxydationsmittel zuzusetzen. Man muß vielmehr einen Zyklus von Oxydations- und Reduktionsschritten durchführen.

In manchen Fällen ist absolute Trägerfreiheit prinzipiell nicht erreichbar, weil infolge von Nebenreaktionen bei der Bestrahlung *auch inaktive Isotope* des gewünschten Radionuklids entstehen. Als Beispiel sei die Produktion von ^{57}Co im Cyclotron durch Protonenbestrahlung angeführt. Die gewünschte Reaktion

$$^{58}\mathrm{Ni(p, pn)}^{57}\mathrm{Ni} \xrightarrow{\mathrm{EC}, \beta^+} {}^{57}\mathrm{Co}$$

ist immer von folgenden Nebenreaktionen überlagert:

$$^{60}\mathrm{Ni(p, 2p)}^{59}\mathrm{Co} \quad \text{und}$$

$$^{62}\mathrm{Ni}(\mathrm{p}, \alpha)^{59}\mathrm{Co}.$$

Bei diesem sonst sehr brauchbaren Produktionsweg ist das so erzeugte inaktive Kobalt unvermeidbar, das Produkt ^{57}Co also nie absolut trägerfrei.

101. Angereicherte Isotope als Target

Wenn man gezwungen ist, zur Vermeidung solcher störender Kernreaktionen angereicherte (oder reine) Isotope als Target zu verwenden, muß bei der Produktion auch die *Wiedergewinnung* des teuren Ausgangsmaterials mit eingeplant werden. Hierbei ergibt sich als Vorteil, daß durch die wiederholten Aufbereitungsprozesse zunehmende Reinheit des Targetmaterials erzielt wird. Das betreffende Radionuklid wird bei jeder neuen Verwendung des Target immer sauberer.

Um möglichst billig produzieren zu können, verwendet man im Fall angereicherter Isotope die höchsten verfügbaren Neutronenflüsse von bis zu 10^{14} neutr/cm^{2}sec. Gegenüber dem Normalwert von 10^{12} neutr/cm^{2}sec kann dann die notwendige Targetmenge auf etwa 1/100 reduziert werden.

Bei derart hohen Werten des Neutronenflusses ist die zusätzliche Erwärmung bereits äußerst störend, läßt sich aber bei so geringen Targetmengen besser beherrschen.

Ferner treten bei diesen hohen Flüssen Sekundäraktivierungen in den Vordergrund. Nach den Gleichungen von S.132 ist die bei solchen Sekundärreaktionen erzeugte Aktivität proportional dem Q u a d r a t des Flusses.

Das bekannteste Beispiel einer solchen *Ketten-Aktivierung* ist die Reaktionsfolge

$$^{197}Au(n, \gamma)^{198}Au(n, \gamma)^{199}Au.$$

Der Wirkungsquerschnitt für die erste Stufe ist $\sigma = 97$ barn, derjenige für die zweite Stufe ist $\sigma = 26\,000$ barn, also 270 mal so groß. Man kann bei Verwendung von $\Phi = 10^{14}$ erreichen, daß das Produkt bis zu 50% aus der Aktivität ^{199}Au besteht.

Ein weiteres Beispiel ist die Erzeugung von ^{166}Dy aus ^{164}Dy, dessen Reaktionsfolge in Tab. 8 ausführlicher dargestellt ist.

102. Rückstoß-Effekte

Bei Ablauf einer Kernreaktion müssen Energie- und Impulserhaltungssatz gültig bleiben. Wenn z.B. bei einer (n, γ)-Reaktion nach Einfang des Neutrons ein γ-Quant abgestrahlt wird, muß zugleich der um ein Neutron reichere Produktkern (= „hot atom") einen Rückstoß erleiden.

Ein γ-Quant der Energie $E_\gamma = m_\gamma \cdot c^2$ besitzt einen Impuls $p_\gamma \equiv m_\gamma \cdot c = E_\gamma/c$. Bei Abstrahlung dieses γ-Quants muß der Kern einen gleich großen (aber entgegengesetzt gerichteten) Impuls erhalten. Drückt man die kinetische Energie des Kerns $E = Mv^2/2$ durch seinen Impuls $p = Mv$ aus, so folgt $E = p^2/2M$. Setzt man hierin $p = E_\gamma/c$ ein, so erhält man also als *Energiebetrag,* den der Kern beim Rückstoß übernimmt

$$E = E_\gamma^2/2Mc^2$$

oder $E = E_\gamma/1862\ M$, falls E und E_γ in MeV gemessen wird und M in Atommasseneinheiten ausgedrückt wird. Ein Kern der Masse M = 100 erhält also bei Abstrahlung eines γ-Quants von 2 MeV eine Rückstoßenergie von 21,5 eVolt.

Dieser Rückstoß ist weit mehr als ausreichend, um die chemische Bildung des betreffenden Atoms zu sprengen. Aus diesem Grunde besteht keine Gewißheit, ob das Produktatom im gleichen Oxydationszustand wie das Targetatom vorliegen wird.

Szilard und *Chalmers* beobachteten 1934 als erste, daß nach der Neutronenbestrahlung von Aethylenbromid das Brom teilweise in Br^--Ionen überführt ist. Es läßt sich nämlich ein großer Teil der Brom-Aktivität mit Wasser extrahieren. Derartige Effekte werden ganz allgemein gefunden, wenn das betreffende Targetatom *in kovalenter Bindung* vorliegt. Besonders Halogene lassen sich auf diese Weise in hervorragender Ausbeute *trägerfrei* gewinnen.

Ein weiteres Beispiel für diesen Effekt bietet die Neutronenbestrahlung von $BaCrO_4$. Das in der Oxydationsstufe +6 in kovalenter Bindung vorliegende Chrom findet man nämlich nach der Bestrahlung mit 20% der Gesamtaktivität in Form von 3-wertigem Chrom wieder. Auf Grund dieses Wertigkeitswechsels kann man das Cr^{3+} leicht trägerfrei abtrennen.

Dieser vorteilhaften Möglichkeit zur Produktion von trägerfreien Radionukliden steht der Nachteil gegenüber, daß man bei Elementen mit mehreren möglichen Oxydationsstufen immer gezwungen ist, zwecks Anwendung einer Trägertechnik erst durch einen Redox-Zyklus einen *einheitlichen* Oxadationszustand von Radionuklid und Träger herbeiführen zu müssen.

103. Melk-Systeme

Da kurzlebige Radionuklide nicht über weite Strecken verschickt werden können, sind sie normalerweise nicht käuflich zu erwerben. In einigen speziell gelagerten Fällen ist dies aber trotzdem möglich. Wenn nämlich eine langlebige Mutteraktivität bei ihrem Zerfall eine kurzlebige Tochteraktivität erzeugt, so produziert man die Mutteraktivität, aus welcher der Verbraucher durch „Melken" mittels einer einfachen chemischen Operation die eigentlich interessierende Tochteraktivität bei Bedarf abtrennen kann.

Als Beispiel sei das folgende Melksystem für ^{132}J(2,26 h) angeführt:

$$^{132}Te \xrightarrow[(78\ h)]{\beta^-} {}^{132}J(2{,}26\ h)$$

Aus frisch bestrahltem Uran wird ^{132}Te abgetrennt, in Na_2TeO_4 überführt und an einer mit Al_2O_3 gefüllten Säule sorbiert. Das ^{132}J wird jeweils mit stark verdünntem Ammoniak eluiert. Das Tellur bleibt in der Säule. Man kann (entsprechend der Halbwertzeit des ^{132}Te) etwa eine Woche lang mehrfach melken. Dabei wird das Produkt jedesmal sauberer und trägerfreier.

Weitere solche Melk-Systeme sind

$$^{90}\mathrm{Sr} \xrightarrow[(28\ \mathrm{y})]{\beta^-} {}^{90}\mathrm{Y}(64\ \mathrm{h})$$

$$^{87}\mathrm{Y} \xrightarrow[(80\ \mathrm{h})]{\mathrm{EC}} {}^{87\mathrm{m}}\mathrm{Sr}(2{,}8\ \mathrm{h})$$

$$^{68}\mathrm{Ge} \xrightarrow[(280\ \mathrm{d})]{\mathrm{EC}} {}^{68}\mathrm{Ga}(68\ \mathrm{m})$$

104. Radionuklide aus Spaltprodukten

Die Abtrennung einzelner Spaltprodukte aus dem komplizierten Gemisch von Radionukliden, das in ausgebrannten Brennelementen eines Reaktors vorliegt, ist eine Aufgabe, die wegen der riesigen Menge an Aktivität besondere Vorrichtungen und Verfahren verlangt. Fernbediente Manipulatoren und weitgehend automatisierte Trennverfahren, die in stark abgeschirmten „heißen Zellen" durchgeführt werden, sind hier unerläßtlich.

Man versucht, im ersten Schritt eine unlösliche oder doch wenig lösliche Fraktion *durch Fällung* abzutrennen, welche die Hauptmenge der Aktivität enthält. Zu einer Fällung sind nämlich keine strahlungsempfindlichen Lösungsmittel oder Austauscherharze erforderlich.

Die Hauptaktivitäten stecken in den beiden langlebigsten Spaltprodukten ^{137}Cs(30 y) und ^{90}Sr(28 y). Cäsium wird beispielsweise als Cäsiumalaun abgetrennt. Strontium wird aus stark salpetersaurer Lösung in Gegenwart von Blei (als nichtisotopem Träger) als $Sr(NO_3)_2$ ausgefällt. Die Seltenen Erden kann man gemeinsam als basische Karbonate oder aber als Doppelsufalte ausfällen.

Von der Vielzahl der Extraktionsprozesse, die nicht nur bei Aufbereitung von Spaltprodukten äußerst nützlich sind, sei hier nur die Extraktion mit Di-(2-aethylhexyl)-Phosphorsäure in organischen Lösungsmitteln erwähnt, mit welcher man ^{91}Y von den Seltenen Erden abtrennen kann. Anschließend läßt sich mit dem gleichen Extraktionsmittel auch ^{144}Ce isolieren, nachdem man das Cer zur Oxydationsstufe +4 oxydiert hat.

Die vollständige Auftrennung des Gemisches der Seltenen Erden ist ein hervorragendes Beispiel für die Anwendung von *Kationen-Austauschern,* wobei verschiedene komplexierende Eluierungsflüssigkeiten nacheinander benutzt werden.

Die Verwendung der üblichen organischen *Austauscherharze* ist durch das starke Strahlungsfeld ziemlich eingeschränkt. Es entwickeln sich radiolytisch erzeugte Gase oder aber der Austauscher erleidet anderweitige chemische Zersetzungsprozesse, die seine Funktion beeinträchtigen. Zur Abtrennung von ^{147}Pm(2,6 y), das an einem Kationenaustauscher sorbiert und dann mit einer entsprechend gepufferten EDTA-Lösung eluiert wird, muß man *bei erhöhter Temperatur* arbeiten, damit schnellere Durchlaufzeiten und daher auch kürzere Verweilzeiten erreicht werden. Die Strahlenschäden am Austauscher bleiben dann geringer. ***Anorganische Austauscher*** wie Zirkonphosphat sind strahlenresistenter und werden zunehmend verwendet.

105. Markierte Moleküle

Markierte Moleküle sind solche, bei denen mindestens ein Atom von den übrigen gleichartigen durch Substitution unterschieden ist. Dies kann speziell ein Isotop des Atoms oder noch spezieller ein Radioisotop des Atoms sein.

Bei Herstellung anorganischer markierter Moleküle benutzt man fast ausschließlich die normalen chemischen Darstellungsmethoden, denn es handelt sich um meist recht einfache Verbindungen. Ein Beispiel ist auf S. 154 beschrieben.

Zur Darstellung organischer markierter Moleküle kann man demgegenüber verschiedene Wege einschlagen. Als Markierungsatome kommen am häufigsten vor ^{14}C, ^{3}H, ^{35}S, ^{36}Cl, ^{32}P.

^{14}C wird durch Bestrahlung von Al_3N_4 mit thermischen Neutronen über die Reaktion

$$^{14}N(n, p)^{14}C \ (5{,}76 \text{ ky})$$

$$\sigma = 1{,}81$$

dargestellt. Man oxydiert das Nitrid dann im Sauerstoffstrom und trennt das gebildete $^{14}CO_2$ im Gasstrom ab. Da die Kernreaktion m i t Änderung der Ordnungszahl verläuft, kann man sehr hohe spezifische Aktivitäten erzielen (Höchstwert = 4,6 mCi/mg Element).

Tritium ist über die Reaktionen

$$^{6}Li(n, \alpha)^{3}H \quad \text{oder} \quad ^{3}He(n, p)^{3}H$$

zugänglich.

Für *chemische Synthesen* ^{14}C-haltiger Verbindungen wählt man gewöhnlich eine der sechs folgenden Grundverbindungen: Carboxyl-markierte Säuren, Methanol, Cyanide, Carbide, Ameisensäure, Cyanamide.

Mit $^{14}CO_2$ als Ausgangsmaterial erhält man beispielsweise über die *Grignard*-Reaktion

$$RMgX + {}^{14}CO_2 \rightarrow R^{14}COOMgX \rightarrow R^{14}COOH$$

Carbonsäuren, die am Carboxyl-Kohlenstoff markiert sind.

Soll aber eine Essigsäure hergestellt werden, die in der Methyl-Gruppe ^{14}C enthält, so sind schon mehrere Schritte erforderlich:

$$^{14}CO_2 \rightarrow {}^{14}CH_3OH \rightarrow {}^{14}CH_3J \rightarrow {}^{14}CH_3CN \rightarrow {}^{14}CH_3COOH.$$

Über die Synthese komplizierter Moleküle existiert eine umfangreiche Literatur. Es sind viele Hundert solcher markierter Verbindungen im Handel erhältlich.

Die Markierung gibt Anlaß zu einer neuen Art der Isomerie. Einfach markierte Propionsäure, CH_3-CH_2-COOH, kann bei Einbau eines ^{14}C in d r e i isomeren Formen auftreten, je nachdem, welches der drei C-Atome durch ^{14}C ersetzt wurde (*Markierungs-Isomerie*):

$$^{14}CH_3\text{-}CH_2\text{-}COOH;\quad CH_3\text{-}{}^{14}CH_2\text{-}COOH;\quad CH_3\text{-}CH_2\text{-}{}^{14}COOH.$$

Bei Doppel-Markierung mit z w e i ^{14}C-Atomen treten ebenfalls 3 Isomere auf. Hier muß man aber unterscheiden, ob im Ablauf der Synthese wirklich ein einziges Molekül b e i d e ^{14}C-Atome erhält, oder ob ein Gemisch der beiden einfach markierten Isomeren vorliegt.

Außer chemischen Synthesen kann man auch den *Szilard-Chalmers-Effekt* (vgl. S. 151) ausnutzen. Der Produktkern hat infolge seiner Rückstoßenergie („hot atom") die Möglichkeit, mit benachbartem Ausgangsmaterial chemisch zu reagieren. Diese „heißen" Atome können dabei markierte Verbindungen bilden. Das können sehr viele verschiedene Produkte sein. Die Reinigung ist daher sehr kompliziert. Nebenprodukte fallen hier trägerfrei an. Der Ausgangsstoff wird meist nur mit geringer spezifischer Aktivität erhalten.

Für *Tritium-Markierungen* gibt es eine besondere, von *Wilzbach* entdeckte Technik. Man bringt die zu markierende Verbindung mit großen Mengen (mehrere Curies) Tritiumgas in Kontakt. Immer, wenn ein ^3H-Kern zerfällt, bekommt er einen Rückstoß. Dieser Rückstoß kann die Anregung oder Zerschlagung von Molekülen der beigemengten organischen Verbindung bewirken. Diese Teilchen können dann ihrerseits mit anderen Tritium-Molekülen weiter reagieren. So erhält man bei Reaktionszeiten von einigen Tagen eine Vielzahl von markierten Verbindungen, die wiederum gereinigt werden müssen. Schwierigkeiten macht dabei die Handhabung der großen Menge radioaktiver Substanz. Besondere Schutzmaßnahmen sind erforderlich. Ein Vorteil ist die

Möglichkeit, mit der *Wilzbach*-Technik auch solche organischen Verbindungen zu markieren, die synthetisch bisher nicht zugänglich sind.

Eine weitere Darstellungsmethode ist die *Biosynthese.* Man kann beispielsweise Pflanzen in $^{14}CO_2$-Atmosphäre wachsen lassen und damit anschließend Tiere füttern (isotopic farming). Dann werden die benötigten Naturstoffe in markierter Form isoliert. Die Markierungs-Position ist dann natürlich unbekannt.

Biochemische Synthesen unter Ausnutzung von *spezifischen Enzym-Reaktionen* sind für die Markierung von synthetisch nicht zugänglichen Verbindungen noch besser geeignet. Im Gegensatz zu chemischen Synthesen werden hier die natürlich vorkommenden Isomeren erhalten und nicht racemische Gemische. Auch hier ist es schwierig, aus der Vielzahl der Produkte einzelne Verbindungen rein abzutrennen.

Sachverzeichnis

Chemie in der Sammlung Göschen

Anorganische Chemie von *W. Klemm.* 15. Aufl. 283 S., 44 Abb. 1971. (4037)

Organische Chemie von *W. Schlenk.* 11., durchg. Aufl. 273 S., 16 Abb. 1968. (38/38a)

Physikalische Methoden in der Organischen Chemie von *G. Kresze.* 2 Bände. I: 119 S., 65 Abb. 1962. (44). II: 164 S. 1962. (45/45a)

Allgemeine und physikalische Chemie von *W. Schulze.* 2 Bände. 6., verb. Aufl. I: 139 S., 10 Fig. 1964. (71). II: 222 S., 49 Fig. 1968. (698/698a)

Molekülbau von *W. Schulze.* Theoretische Grundlagen und Methoden der Strukturermittlung. 2., durchg. Aufl. 123 S., 43 Fig. 1970. (786)

Einfache Versuche zur allgemeinen und physikalischen Chemie von *E. Dehn.* 371 Versuche mit 40 Abb. 272 S. 1962. (1201/1201a)

Physikalisch-chemische Rechenaufgaben von *E. Asmus.* 4., verb. Aufl. 96 S. 1967. (445)

Maßanalyse von *G. Jander - K. F. Jahr - H. Knoll.* Theorie und Praxis der klassischen und der elektrochemischen Titrierverfahren. 12., berichtigte Aufl., mitbearb. von *H. Knoll.* 359 S., 56 Fig. 1969. (221/221a)

Qualitative Analyse von *H. Hoffmann - G. Jander.* 3., durchg. und verb. Aufl. 308 S., 5 Abb. 1967. (247/247a)

Stöchiometrische Aufgabensammlung von *W. Bahrdt - R. Scheer.* Mit den Ergebnissen. 9., durchg. Aufl. 119 S. 1967. (452/452a)

Geochemie von *K. H. Wedepohl.* 221 S., 26 Abb., 37 Tab. 1967. (1224/1224a/1224b)

Kristallchemie von *J. Zemann.* 144. S., 90 Abb. 1966. (1220/1220a)

Jeder Band (neues Format 12 x 18 cm) Nr. 2000–2999: DM 3,60; Nr. 3000–3999: DM 5,80; Nr. 4000–4999: DM 7,80; Nr. 5000–5999: DM 9,80. Jeder Band (altes Format 10,5 x 15,5 cm) Einfachband DM 3,60; Doppelband DM 5,80; Dreifachband DM 7,80.

Holleman-Wiberg

Lehrbuch der anorganischen Chemie

Begründet von *A. F. Holleman* †

71.–80., völlig umgearbeitete und stark erweiterte Auflage. Mit einem Anhang Chemiegeschichte, Raumbilder-Erläuterungen, einem Tabellen-Anhang sowie 216 Figuren und einer Beilage von 37 Struktur-Bildern in steroskopischer Darstellung von *Egon Wiberg.* Groß-Oktav. XXXII, 1209 Seiten. 1971. Plastikeinband DM 58,–

Die vielen Neuerungen und Änderungen, die das alteingeführte und vielen Chemikergenerationen bestens bekannte Werk erfahren hat, aufzuzählen, würde den Rahmen einer Besprechung sprengen. Es erübrigt sich fast zu erwähnen, daß das Werk auf den neuesten Stand der Wissenschaft gebracht wurde. Aufgrund der Neugestaltung wendet sich das Werk jetzt nicht mehr allein an den Anfänger, sondern auch an den Fortgeschrittenen. Selbstverständlich kann der neue *„Holleman-Wiberg"* wieder allen Chemikern sehr empfohlen werden. Auch wenn Bibliotheken noch über den „alten" verfügen, sollte man sich den „neuen" zulegen, um auf dem letzten Stand der Forschung zu sein. *Praxis der Naturwissenschaften*

Fischer-Werner

Autoradiographie

Von *H. A. Fischer* und *G. Werner.* Oktav. X, 214 Seiten. Mit 93 Abbildungen und 14 Tabellen. 1971. Plastikeinband DM 42,–

(Arbeitsmethoden der modernen Naturwissenschaften. Herausgegeben von Prof. Dr. *K. Fischbeck,* Heidelberg)

Aus dem Inhalt: Einleitung. Physikalische Grundlagen. Markierungen mit radioaktiven Isotopen. Autoradiographie makroskopischer Objekte. Autoradiographie elektronenmikroskopischer Objekte. Autoradiographie als quantitative Methode. Appendix (Daten zur historischen Entwicklung).

Fischer-Werner

Autoradiography

By *H. A. Fischer* and *G. Werner.* Oct. Approx. 208 pages. 1971. Bound DM 86,–; $ 17.50

(Working methods in modern science)

Wenzel-Schulze

Tritium-Markierung

Darstellung, Messung und Anwendung nach Wilzbach ^{3}H-markierter Verbindungen.

Von *Martin Wenzel* und *P. E. Schulze.* Oktav. Mit 62 Abbildungen und 42 Tabellen. XII, 176 Seiten. 1962. Plastikeinband DM 26,–

Die Stärke dieses Buches liegt im Methodischen. Insbesondere werden die Grundlagen der Wilzbach-Tritierung, deren Methodik und Abwandlungen eingehend beschrieben. Das Buch ist übersichtlich, gut geschrieben, bringt eine Menge von Anregungen und enthält die wichtigsten Literaturangaben. Es ist auch preiswert und kann für die an der Anwendung von Tritium interessierten Naturwissenschaftler und Mediziner zur Einführung und als Laboratoriumsbuch bestens empfohlen werden. *Chemische Apparatur*

Frost

Praktischer Strahlenschutz

Eine Einführung in die Technik des Schutzes vor ionisierenden Strahlen für Nichtphysiker.

Von *Dietrich Frost.* Groß-Oktav. Mit 107 Abbildungen. X, 194 Seiten. 1960. Ganzleinen DM 24,–

Das Werk verfolgt die Absicht, Nichtphysiker auf dem Gebiet der Kernphysik, die aber mit Bau und Einrichtung von „heißen" Anlagen, wie *Isotopen-Laboratorien, Reaktorbetrieben, Strahlenabteilungen in Kliniken,* als Elektroingenieure, Architekten, Bauingenieure usw. zu tun haben, im „Schnellverfahren" mit den Grundlagen des Strahlenschutzes vertraut zu machen. Dieser Versuch darf als gelungen bezeichnet werden. *Chemiker-Zeitung*

Schlungbaum

Medizinische Strahlenkunde

Eine Einführung in die physikalischen, technischen und biologischen Grundlagen der medizinischen Strahlenanwendung für Mediziner und medizinisch-technische Assistentinnen.

von Prof. Dr. med. *Werner Schlungbaum.* 4., neubearb. Aufl. 8°. XXIV, 377 S. Mit 198 Abb. und 5 Farbtafeln 1970. Pl. DM 42,–

Der Stoff ist straff und übersichtlich dargestellt, die wesentlichen Prinzipien und Methoden sind klar herausgearbeitet. Der Text ist beispielhaft durch Abbildungen von Geräten, durch Kurven, Tabellen und schematische Zeichnungen ergänzt. Das Buch stellt nicht nur eine ausgezeichnete Einführung dar, sondern vermag auch den Fachkollegen zur Fortbildung anzuregen. *Nuclear-Medizin (zur 3. Aufl.)*

Walter de Gruyter · Berlin · New York

Bei Fragen zur Produktsicherheit wenden Sie sich bitte an:
If you have any questions regarding product safety,
please contact:

Walter de Gruyter GmbH
Genthiner Straße 13
10785 Berlin
productsafety@degruyterbrill.com